U0186791

易學日曆

读易见天心

壬寅癸卯

劉大鈞書

刘震 韩慧英 主编

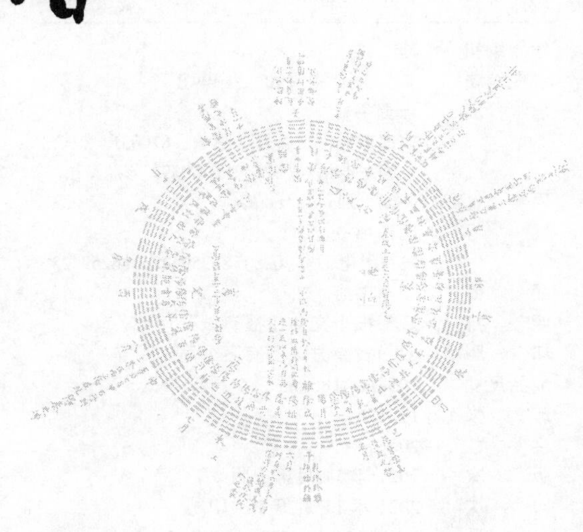

巴蜀书社

图书在版编目（CIP）数据

读易见天心：壬寅癸卯易学日历 / 刘震，韩慧英主编. — 成都：巴蜀书社，2021.11

ISBN 978-7-5531-1567-2

Ⅰ. ①读… Ⅱ. ①刘… ②韩… Ⅲ. ①历书—中国—研究 Ⅳ. ①P195.2

中国版本图书馆 CIP 数据核字（2021）第 265911 号

读易见天心：壬寅癸卯易学日历

DU YI JIAN TIANXIN RENYIN GUIMAO YIXUE RILI

刘 震 韩慧英 主编

策划编辑 施 维
责任编辑 肖 静 沈泽如 张琳婉
出 版 巴蜀书社
成都市槐树街 2 号 邮编 610031
总编室电话：（028）86259397
网 址 www.bsbook.com
发 行 巴蜀书社
发行科电话：（028）86259422 86259423
经 销 新华书店
照 排 成都推十文化传播有限公司
印 刷 四川省南方印务有限公司
成品尺寸 105mm×185mm
印 张 11.625
字 数 200 千字
版 次 2021 年 11 月第 1 版
印 次 2021 年 11 月第 1 次印刷
书 号 ISBN 978-7-5531-1567-2
定 价 78.00 元

顾　问：刘大钧

主　编：刘　震　韩慧英

编　委：崇宝庆　李卫红　李尚信　张文智　刘保贞
黎馨平　李秋丽　张克宾　董　春　张　沛
秦　洁　王贻琛　王　培　姚　瑶　张宇飞
杨　潇　刘星鼎　王英杰　季玉洁　宫琍琍

前言

二零二一年，在中国周易学会诸位同仁的大力支持下，我们推出了易学日历。之所以制作日历缘起于我们在日常的授课中，总有学生问及与传统历法相关的问题，加之社会中人们又常常将历法与命理、择日等术数学内容混为一谈，故而我们设计了易学日历，一方面期待可以帮助大家认识传统历法，另一方面希冀通过这种形式，带动更多的朋友在生活中「读易见天心」。

近年来，伴随着国力昌盛，越来越多的年轻人开始对中国传统文化产生兴趣，古风、汉服已经成为流行文化中的重要组成部分，然「形而上者谓之道」，如果不能够真正理解中国文化之思想内涵，那么中国传统文化的传播必将难以行远。在有幸参与了中央电视台所制作的文化栏目《典籍里的中国》后，我们更加感到大众对于《周易》依然十分陌生，易理大道之传承殊为任重道远。多数时候，人们更多将命理、风水等术数学认定为《周易》。事实上，术数学虽与《周易》有着千丝万缕的联系，二者却如孔子所言「同途而殊归」。术数学着眼世事之成败，《周易》却首倡事理之应然。在此过程中，最能体现二者「同途殊归」的当属其中对于「天理循环」与「天人合一」的境界差异。

所谓「天理循环」，并非术数学上的宿命论，而是注重世事发展中「变易」与「不易」的对立统一。冯友兰先生在《中国哲学简史》一书中认为「常」与「变」是任何一个民族在历史发展中所面临的普遍性问题。这种判断与《周易》的思想如出一辙。从源头上讲，《周易》中的「变易」与「不易」正是来自对天象的观测与效法。从日月轮转、四时更替中，中国古代先贤既看到了阴阳流转之变化万千，更认识到万象赓续的常道恒久。在仰观俯察之间，《周易》一方面在天道的循环中不断从历史里汲取智慧；另一方面又从天理出发，拓展自身的知识半径，其思维与时偕行。在这样的文化基因下，《周易》引领中华文明不断走向成熟。从上古三代的人文启蒙到孔子以降的穷理尽性，从汉魏之际的宇宙自然再到宋明时期的理性光辉，数千年间，《周易》的变易精神引导中华民族把握文明的发展动力，《周易》的不易精神启迪中华民族淬炼文明的关键要义。

所谓「天人合一」，也并非如术数学突出「天命」对人的约束，而是强调天道与人道之间的平衡。《周易》有曰：「穷理尽性，以至于命」。这意味着其在承认天理之客观性的同时，更强调了人自身认知天理的能力。文明乃是人类在不断地探索与掌握天道的过程中，提升与锤炼自身的理性所得。在其看来，智慧的进步就呈现在自身对客观规律逐步认识的历程中，人类的心性在体认自然中渐渐与之契合。此即为「天人合一」。因此在《周易》的文辞中，像「天行健，君子以自强不息」「地势坤，君子以厚德载物」一般，不仅有着大量对于自然的描述，更强调了人类在认识世界的过程中的自觉意识。

中国的历法有阴阳合历之传统。所谓阴历即以月亮的朔望来表征初一、十五的历法，所谓阳历则是以二十四节气为核心的干支历法。二历通过「五年两闰」「十九年七闰」的方法有机整合。阴阳合历的运用既体现了中国先民的聪明才智，也凸显了中国文化在「天理循环」与「天人合一」观念影响下对于时间和历史的独特理解。与西洋历法以线性纪年方式不同，中国的历法，无论是阴历中周期出现的月相变化，还是阳历中往复呈现的由十天干和十二地支依次相配而成的六十甲子年，都采用了循环纪年的方式，而这种思想正是源自于《周易》「生生之谓易」的理念。

鉴于中国传统历法的独特性，以及与《周易》思想的有机契合，中国周易学会同仁编纂了易学日历。与我们今天常用的西洋日历不同，易学日历按照传统的干支纪年法来编排，每两年出一册，并配以《周易》经传文辞。二零二一年一月，庚子辛丑《周易》日历问世，该日历对应二零二零年二月四日至二零二二年二月三日两年，并将《周易》通行本中的六十四卦卦爻辞以及传世本《彖传》《象传》《文言传》与《序卦传》四部分文字纳入其中。

依照《帛书易传》中所引夫子与子贡的对话，《周易》之文辞推重天理、启迪人智，通过「观其德义」，可知「仁义求吉、德性求福」之方，壬寅癸卯易学日历，在日期上接续庚子辛丑《周易》日历，对应二零二二年二月四日至二零二四年二月三日，在《周易》文辞的取用上，补入《系辞传》《说卦传》和《杂卦传》的内容，以「十翼」全貌配之六十四卦三百八十四爻，使日历的内容更臻于完备。

最后，我们希望通过易学日历的连续刊发，使人们在每日诵读《周易》经典的同时，感受传统古历的遗韵风姿，以及传统文化的博大精深。识读经典，自在人生。

刘震　韩慧英于京城新起点寓所

辛丑年冬月

乾卦第一

壬寅年 壬寅月 戊子日

正月初四 立春

乾 乾下乾上

【原文】

乾：元亨，利贞。

【译文】

乾：开始即通达而宜于占问。

2022 年 2 月 4 日 星期五

壬寅年　壬寅月　己丑日

正月初五

【原文】

《彖》曰：大哉乾元，万物资始，乃统天。云行雨施，品物流形。大明终始，六位时成，时乘六龙以御天。乾道变化，各正性命，保合太和，乃利贞。首出庶物，万国咸宁。

【译文】

《彖》曰：伟大啊，乾元！万物就是因为有了它才开始，故而本于天。云气流行，雨水布施，众物周流而各自成形。阳光运行于（乾卦）终始，六爻得时而形成，时乘的六龙（乾卦六爻），以驾御天道。（本于天的）乾道在变化，（万物）各自正定其本性与命理，保全住太和之气，才能利贞。始出众物，万国皆得安宁。

2022年2月5日　星期六

壬寅年　壬寅月　庚寅日

正月初六

【原文】

《象》曰：天行健，君子以自强不息。

【译文】

《象》曰：天道刚健，君子（效法此）当自强不息。

2022年2月6日　星期日

壬寅年　壬寅月　辛卯日

正月初七

【原文】

初九：潜龙勿用。

《象》曰：潜龙勿用，阳在下也。

【译文】

初九：潜伏之龙，不可轻举妄动。

《象》曰：潜伏之龙，不要行动，阳爻在下。

2022 年 2 月 7 日　星期一

壬寅年　壬寅月　壬辰日

正月初八

【原文】

九二：见龙在田，利见大人。

《象》曰：见龙在田，德施普也。

【译文】

九二：龙出现于田野，宜于见大人。

《象》曰：龙出现于田野，九二阳爻之德所施普遍。

壬寅年　壬寅月　癸巳日

正月初九

【原文】

九三：君子终日乾乾，夕惕若，厉无咎。

《象》曰：终日乾乾，反复道也。

【译文】

九三：君子白日勤奋不懈，夜间戒惧似有危厉，无害。

《象》曰：君子终日勤奋不懈，九三反复而行其道。

2022 年 2 月 9 日　星期三

壬寅年 壬寅月 甲午日

正月初十

【原文】

九四：或跃在渊，无咎。

《象》曰：或跃在渊，进无咎也。

【译文】

九四：（龙）在渊中惑于跃（而未跃），无害。

《象》曰：或跃于渊中，上进而无咎。

2022 年 2 月 10 日 星期四

壬寅年　壬寅月　乙未日

正月十一

【原文】

九五：飞龙在天，利见大人。

《象》曰：飞龙在天，大人造也。

【译文】

九五：龙飞于天，宜见大人。

《象》曰：龙飞于天，大人有所作为。

2022 年 2 月 11 日　星期五

壬寅年　壬寅月　丙申日

正月十二

【原文】

上九：亢龙有悔。

《象》曰：亢龙有悔，盈不可久也。

【译文】

上九：龙飞过高则有悔。

《象》曰：龙飞过高则有悔，阳爻盈满而不可长久。

2022 年 2 月 12 日　星

壬寅年　壬寅月　丁酉日

正月十三

【原文】

用九：见群龙无首：吉。

《象》曰：用九，天德不可为首也。

【译文】

用九：呈现群龙无首领：吉。

《象》曰：用九乾卦天德，不可用上爻。

年 2 月 13 日　星期日

壬寅年　壬寅月　戊戌日

正月十四

【原文】

《文言》曰：元者，善之长也；亨者，嘉之会也；利者，义之和也；贞者，事之干也。君子体仁足以长人，嘉会足以合礼，利物足以和义，贞固足以干事。君子行此四德者，故曰：乾，元、亨、利、贞。

【译文】

《文言》曰：元，是众善的首长；亨，是嘉美的会合；利，是事物得体而中和；贞，是事物的根本。君子（效此）体现仁足以治理人，嘉美会合足以合乎礼，裁成事物足以合乎义，能贞正固守足以成就事业。君子能行此四德，所以说：乾，元、亨、利、贞。

2022 年 2 月 14 日　星

壬寅年　壬寅月　己亥日

正月十五

【原文】

初九曰：潜龙勿用。何谓也？子曰：龙德而隐者也。不易乎世，不成乎名，遁世无闷，不见是而无闷。乐则行之，忧则违之，确乎其不可拔，潜龙也。

【译文】

初九爻辞说：潜伏之龙，不可妄动。这是什么意思？孔子说：人有龙德而隐居，（其志）不为世俗所改变，不急于成就功名，隐退世外而不烦闷。（其言行）不被世人赞同亦无烦闷。（君子）所乐之事去做，所忧之事则不去做，坚强而不可动摇。这就是潜龙。

2 年 2 月 15 日　星期二

壬寅年　壬寅月　庚子日

正月十六

【原文】

九二曰：见龙在田，利见大人。何谓也？子曰：龙德而正中者也。庸言之信，庸行之谨，闲邪存其诚，善世而不伐，德博而化。《易》曰：见龙在田，利见大人。君德也。

【译文】

九二爻辞说：龙出现在田野，适合见大人。这是什么意思？孔子说：人有龙德而居正得中，很平常的言论亦当诚实，平凡的举动亦当谨慎。防止邪恶而保持诚信，善行很大但不自夸，德性广博而化育人。《周易》说：龙出现在田野，利见大人。这是君主之德。

2022 年 2 月 16 日　星期三

壬寅年　壬寅月　辛丑日

正月十七

【原文】

九三曰：君子终日乾乾，夕惕若，厉无咎。何谓也？子曰：君子进德修业，忠信所以进德也。修辞立其诚，所以居业也。知至至之，可与言几也。知终终之，可与存义也。是故居上位而不骄，在下位而不忧，故乾乾因其时而惕，虽危而无咎矣。

【译文】

九三爻辞说：君子终日勤奋不息，夜间戒惕似有危厉，无咎灾。这是什么意思？孔子说：君子为增进德性而修治学业，（为人）忠诚信实所以增进德性。修饰言辞以树立诚意，所以成就学业。知道所要达到的目标而努力争取，可与（他）讨论几微之事。知道终结而善于终止，可与（他）保存事物发展适宜状态。所以居上位而不骄傲，在下位而不忧愁。所以勤奋进取因其时而戒惧，虽有危厉而无咎。

2022 年 2 月 17 日　星期四

壬寅年　壬寅月　壬寅日

正月十八

【原文】

九四曰：或跃在渊，无咎。何谓也？子曰：上下无常，非为邪也；进退无恒，非离群也。君子进德修业，欲及时也，故无咎。

【译文】

九四爻辞说：龙在渊中惑于跃（而未跃），无咎。这是什么意思？孔子说：或上或下，无一定常规，并非为了邪欲；或进或退，不是恒久不变的，并非脱离人群。君子增长德性，修治学业，想及时完成，故无咎。

2022 年 2 月 18 日　星期五

壬寅年　壬寅月　癸卯日

正月十九　雨水

【原文】

九五曰：飞龙在天，利见大人。何谓也？子曰：同声相应，同气相求。水流湿，火就燥。云从龙，风从虎。圣人作而万物睹。本乎天者亲上，本乎地者亲下。则各从其类也。

【译文】

九五爻辞说：龙飞于天上，适合见大人。这是什么意思？孔子说：相同的声音相互感应，相同的气息相互追求。水往湿处流，火往干处燃。云从龙生，风由虎出。圣人兴起而万物清明可见。受气于天的亲附上，受气于地的亲附下，则各归从（自己的）类别。

2022 年 2 月 19 日　星期六

壬寅年　壬寅月　甲辰日

正月二十

【原文】

上九曰：亢龙有悔。何谓也？子曰：贵而无位，高而无民，贤人在下位而无辅，是以动而有悔也。

【译文】

上九爻辞说：龙飞过高有悔。这是什么意思？孔子说：尊贵而没有具体职位，高高在上而与民众脱离，贤明之士处下位而无人来辅助，所以只要一行动就产生悔恨。

2022 年 2 月 20 日　星期日

壬寅年 壬寅月 乙巳日

正月廿一

【原文】

潜龙勿用，下也；见龙在田，时舍也；终日乾乾，行事也；或跃在渊，自试也；飞龙在天，上治也；亢龙有悔，穷之灾也；乾元用九，天下治也。

【译文】

潜伏之龙，不要轻举妄动，（因）地位卑下；龙出现在田野，因时而被舍弃；终日勤奋不息，开始有所行动；龙在渊中或于跃（而未跃），将由自己试验；龙飞上天，居上而治理天下；龙飞过高而有悔，是由穷极而造成的灾害；乾卦开始用九数（以变化天下），天下必然大治。

壬寅年 壬寅月 丙午日

正月廿二

【原文】

潜龙勿用，阳气潜藏；见龙在田，天下文明；终日乾乾，与时偕行；或跃在渊，乾道乃革；飞龙在天，乃位乎天德；亢龙有悔，与时偕极；乾元用九，乃见天则。

【译文】

潜伏之龙，不要轻举妄动，阳气潜藏于地下；龙出现在田野，天下万物呈现光明；终日勤奋不息，随从天时的变化而行动；龙在渊中或于跃（而未跃），乾之道即将出现变革；龙飞上天，已位居于天德；龙飞过高而有悔，随天时变化而达到终极；乾卦始用九数，天道法则显现。

2022 年 2 月 22 日 星期六

壬寅年　壬寅月　丁未日

正月廿三

【原文】

乾元者，始而亨者也；利贞者，性情也。乾始能以美利利天下，不言所利，大矣哉！大哉乾乎，刚健中正，纯粹精也。六爻发挥，旁通情也，时乘六龙，以御天也。云行雨施，天下平也。

【译文】

乾元，开始而亨通；利贞，是物之性情。乾一开始能以化育的美与利以利天下万物，却不言利物之功，盛大啊！伟大啊乾阳，刚劲强健而中正不偏，可谓纯粹精微。六爻变动，普遍通达于情理，因时掌握六龙（爻）的变化，以驾御天道，云气流行，雨水布施，天下和平。

2022年2月23日　星期三

壬寅年　壬寅月　戊申日

正月廿四

【原文】

君子以成德为行，日可见之行也。潜之为言也，隐而未见，行而未成，是以君子弗用也。

【译文】

君子以完成道德修养作为行动（目标），每天都显现于行动。（初爻）所说的潜，是隐藏而未显现，行动尚未成功，所以君子不能有所作为。

2022 年 2 月 24 日　星期四

壬寅年　壬寅月　己酉日

正月廿五

【原文】君子学以聚之，问以辩之，宽以居之，仁以行之。《易》曰：见龙在田，利见大人。君德也。

【译文】君子学习以聚积知识，互相问难以明辨是非，宽宏大量与人相处，以仁爱之心指导行动。《周易》说龙出现在田野，宜于见大人，此谓君子之德。

2022 年 2 月 25 日　星期五

壬寅年 壬寅月 庚戌日

正月廿六

【原文】

九三重刚而不中，上不在天，下不在田，故乾乾因其时而惕，虽危无咎矣。

【译文】

九三处于重重阳刚交接之处而不居中位，上不及天位，下不在地位，所以终日勤奋，因其时而戒惕，虽有危难而无咎。

2022 年 2 月 26 日 星期六

壬寅年　壬寅月　辛亥日

正月廿七

【原文】

九四重刚而不中，上不在天，下不在田，中不在人，故或之。或之者，疑之也，故无咎。

【译文】

九四爻处于重重阳刚交接之处而不居中位，上不及天位，下不在地位，处卦中间不在人位，所以有或字。或，是指君子的位置疑而未定，所以无咎。

2022年2月27日　星期日

壬寅年　壬寅月　壬子日

正月廿八

【原文】

夫大人者，与天地合其德，与日月合其明，与四时合其序，与鬼神合其吉凶。先天而天弗违，后天而奉天时。天且弗违，而况于人乎！况于鬼神乎！

【译文】

（九五爻辞的）大人，其德性与天地相合，其圣明与日月相合，其施政与四时顺序相合，其吉凶与鬼神相合。先于天道行动而与天道不相违背，后于天道行动而顺奉天时。既然天都不违背他，何况人呢？更何况鬼神呢！

2022 年 2 月 28 日　星期一

壬寅年　壬寅月　癸丑日

正月廿九

【原文】亢之为言也，知进而不知退，知存而不知亡，知得而不知丧，其唯圣人乎！知进退存亡而不失其正者，其唯圣人乎！

【译文】(上九爻辞所说的)亢，是说只知前进而不知后退，只知生存而不知灭亡，只知获得而不知丧失，这是圣人吗？知进退存亡之理而不失正道，这大概是圣人吧！

坤卦第二

壬寅年　壬寅月　甲寅日

正月三十

坤　坤下坤上

【原文】

坤：元亨，利牝马之贞。君子有攸往，先迷后得主，利。西南得朋，东北丧朋。安贞，吉。

【译文】

坤：始即通达，（此占）利于乘雌马。君子有所行，先迷途后找到主人则利。西南可以得到朋友，而东北则丧失朋友。安于守正道则吉。

2022 年 3 月 2 日　星期三

壬寅年　壬寅月　乙卯日

二月初一

【原文】

《象》曰：至哉坤元，万物资生，乃顺承天。坤厚载物，德合无疆。含弘光大，品物咸亨。牝马地类，行地无疆，柔顺利贞。君子攸行，先迷失道，后顺得常。西南得朋，乃与类行，东北丧朋，乃终有庆。安贞之吉，应地无疆。

【译文】

《象》曰：至极啊，坤元！万物依赖它而生成，故顺承天道。坤用厚德载养万物，德性（与天）相合而无边无际，（坤道）能包含宽厚而广大，众物全得亨通。牝马属于地类，奔行于地而无边，（它）柔顺而宜于守正。君子有所往，先迷而失其道，后柔顺而得其道。西南得到朋友，则是与朋友同行，东北丧失朋友，最终将有吉庆。安于守正之吉，是因为（天道）应合地道而无边。

2022 年 3 月 3 日　星期四

壬寅年　壬寅月　丙辰日

二月初二

【原文】

《象》曰：地势坤，君子以厚德载物。

【译文】

《象》曰：地势柔顺，君子（效法此）当以宽厚之德容载万物。

2022 年 3 月 4 日　星期五

壬寅年　癸卯月　丁巳日

二月初三　惊蛰

【原文】

初六：履霜，坚冰至。

《象》曰：履霜坚冰，阴始凝也。驯致其道，至坚冰也。

【译文】

初六：踏霜时，当知坚冰不久即至。

《象》曰：履霜坚冰，阴气开始凝结。顺致阴道，以导致坚冰。

2022年3月5日　星期六

壬寅年　癸卯月　戊午日

二月初四

【原文】

六二：直方大，不习无不利。

《象》曰：六二之动，直以方也。不习无不利，地道光也。

【译文】

六二：直行横行皆一望无际，不熟悉没有不顺利的。

《象》曰：六二之动，平直而方正。不熟悉没有不顺利的，六二地道柔顺广大。

2022 年 3 月 6 日　星期日

壬寅年　癸卯月　己未日

二月初五

【原文】

六三：含章可贞。或从王事，无成有终。

《象》曰：含章可贞，以时发也。或从王事，知光大也。

【译文】

六三：蕴含美德可以恪守正道。跟从王做事，虽不成功，但结局还是好的。

《象》曰：蕴含美德可以守正，待时而发动。跟从大王做事，知道（大王才智）广大。

2022 年 3 月 7 日　星期一

壬寅年　癸卯月　庚申日

二月初六

【原文】

六四：括囊，无咎、无誉。

《象》曰：括囊无咎，慎不害也。

【译文】

六四：束扎口袋，虽无灾害，但也不会带来荣誉。

《象》曰：束扎口袋无灾害，谨慎而无害。

2022 年 3 月 8 日　星期二

壬寅年　癸卯月　辛酉日

二月初七

【原文】

六五：黄裳元吉。

《象》曰：黄裳元吉，文在中也。

【译文】

六五：穿黄色下服开始即吉。

《象》曰：穿黄色下服开始即吉，文德在守中。

2022 年 3 月 9 日　星期三

壬寅年　癸卯月　壬戌日
二月初八

【原文】
上六：龙战于野，其血玄黄。
《象》曰：龙战于野，其道穷也。

【译文】
上六：龙战于田野，其血（染上土后）青黄混杂。
《象》曰：龙交战于野外，阴道穷极。

2022 年 3 月 10 日　星期四

壬寅年　癸卯月　癸亥日

二月初九

【原文】

用六：利永贞。

《象》曰：用六永贞，以大终也。

【译文】

用六：宜永远恪守正道。

《象》曰：用六永守正道，（坤阴养育万物）而大终。

2022 年 3 月 11 日　星期五

壬寅年　癸卯月　甲子日

二月初十

【原文】

《文言》曰：坤至柔而动也刚，至静而德方，后得主而有常，含万物而化光。坤道其顺乎，承天而时行。

【译文】

《文言》曰：坤极其柔顺，但动显示出它的刚强；（坤）极其宁静，但尽得地之方正。后找到主人而有常道（行之），含藏万物而化育广大。坤道多么柔顺，顺承天道依时而行。

2022 年 3 月 12 日　星期六

壬寅年　癸卯月　乙丑日

二月十一

【原文】

积善之家必有余庆，积不善之家必有余殃。臣弑其君，子弑其父，非一朝一夕之故，其所由来者渐矣。由辩之不早辩也。《易》曰：履霜坚冰至。盖言顺也。

【译文】

积善之家，必定福庆有余；积不善之家，必定灾殃有余。大臣杀掉国君，儿子杀死父亲，这并非一朝一夕所造成的，祸患的产生由来已久，渐积而成是由于没有及早察觉此事。《周易》说：踏霜之时，预示坚冰之日将至。这是说应顺从事物发展结果。

2022年3月13日　星期日

壬寅年　癸卯月　丙寅日

二月十二

【原文】

直其正也，方其义也。君子敬以直内，义以方外，敬义立而德不孤。直、方、大，不习无不利。则不疑其所行也。

【译文】

直是说正直，方是说事物处置的适宜。君子用恭敬以使内心正直，用处事之宜来方正外物，敬与义已确立而道德就不孤立了。直、方、大，不熟习没有不利的。（这样）则没有人怀疑他的行为了。

2022 年 3 月 14 日　星期一

壬寅年　癸卯月　丁卯日

二月十三

【原文】

阴虽有美，含之以从王事，弗敢成也。地道也，妻道也，臣道也。地道无成而代有终也。

【译文】

坤阴虽有美德，含藏它以跟从大王做事，不敢成就（自己的功名）。这就是地道、妻道、臣道。地道虽没有成就自己的功名，但替之（天道）终结了（养育万物之事）。

2022年3月15日　星期二

壬寅年　癸卯月　戊辰日

二月十四

【原文】

天地变化，草木蕃；天地闭，贤人隐。《易》曰：括囊，无咎，无誉。盖言谨也。

【译文】

天地交感变化，草木蕃盛；天地闭塞不交，贤人隐退。《周易》说：束扎口袋，没有咎灾，没有名誉。这说的是谨慎的道理。

2022 年 3 月 16 日　星期三

壬寅年　癸卯月　己巳日

二月十五

【原文】

君子黄中通理，正位居体，美在其中，而畅于四支，发于事业，美之至也！

【译文】

君子内有中德通达文理，外以柔顺之体居正位，美存在于心中，而通畅于四肢，发见于事业，这可是美到极点啦！

2022 年 3 月 17 日　星期四

壬寅年　癸卯月　庚午日

二月十六

【原文】

阴疑于阳必战，为其嫌于无阳也，故称龙焉。犹未离其类也，故称血焉。夫玄黄者，天地之杂也，天玄而地黄。

【译文】

坤阴交接于阳，阴阳必定会发生战斗，为嫌（坤）没有阳，所以（坤卦上六爻辞）称龙。然而此爻又未曾离开阴类，故爻辞称血。这玄黄，是天地的杂色，天色为玄，地色为黄。

2022 年 3 月 18 日　星期五

屯卦第三

壬寅年　癸卯月　辛未日

二月十七

屯　震下坎上

【原文】

屯：元亨，利贞。勿用有攸往，利建侯。

【译文】

屯：始即通顺而宜于占问，不要有所往，宜于封建诸侯。

2022 年 3 月 19 日　星期六

壬寅年　癸卯月　壬申日

二月十八　春分

【原文】

《象》曰：屯，刚柔始交而难生，动乎险中，大亨贞。雷雨之动满盈，天造草昧，宜建侯而不宁。

【译文】

《象》曰：屯，刚柔始相交而难以生成，动于险难之中，盛大亨通而守正。雷雨震动充满（天地之间），天始造化，万物萌发，（此时）适宜于分封建立诸侯，但将不安宁。

2022 年 3 月 20 日　星期日

壬寅年　癸卯月　癸酉日

二月十九

【原文】

《象》曰：云雷，屯。君子以经纶。

【译文】

《象》曰：云雷为屯。君子（效法此）以经营规划、安排事务。

2022 年 3 月 21 日　星期一

壬寅年　癸卯月　甲戌日

二月二十

【原文】

初九：磐桓，利居贞，利建侯。

《象》曰：虽磐桓，志行正也。以贵下贱，大得民也。

【译文】

初九：徘徊难进，有利于守正而居，利于分封建立诸侯。

《象》曰：虽盘旋难进，但志行正道。（屯难时）以高贵而下接低贱，大得民众依附。

2022 年 3 月 22 日　星期二

壬寅年　癸卯月　乙亥日

二月廿一

【原文】

六二：屯如邅如，乘马班如，匪寇婚媾。女子贞，不字，十年乃字。

《象》曰：六二之难，乘刚也。十年乃字，反常也。

【译文】

六二：为难而团团转，乘马旋转不进，（来人）不是盗冠，是求婚的。（但）女子贞静自守，不嫁人，要过十年才许嫁。

《象》曰：六二之难，（在于）阴柔乘凌阳刚。十年乃嫁，反归常理。

壬寅年　癸卯月　丙子日

二月廿二

【原文】

六三：既鹿无虞，惟入于林中。君子几，不如舍，往吝。

《象》曰：既鹿无虞，以从禽也。君子舍之，往吝穷也。

【译文】

六三：追鹿而没有虞人（作向导），（结果）被迷入林中，君子企望（得到鹿），不如舍弃（它），再往前就行动困难。

《象》曰：追逐鹿而无虞人（作向导），（只能被动）跟从禽兽。君子舍弃之，前往有吝难，其道必穷。

2022年3月24日　星期四

壬寅年 癸卯月 丁丑日

二月廿三

【原文】

六四：乘马班如，求婚媾，往，吉无不利。

《象》曰：求而往，明也。

【译文】

六四：乘马徘徊不进，（为的是）求婚，此行吉，无不利。

《象》曰：求婚而前往，明于婚礼。

2022 年 3 月 25 日 星期五

壬寅年 癸卯月 戊寅日

二月廿四

【原文】

九五：屯其膏，小，贞吉；大，贞凶。

《象》曰：屯其膏，施未光也。

【译文】

九五：屯积油汁，（屯积的）少，占问则吉；大量屯积，此占则凶。

《象》曰：屯积油汁，未能广施于众。

2022 年 3 月 26 日 星期六

壬寅年　癸卯月　己卯日

二月廿五

【原文】

上六：乘马班如，泣血涟如。

《象》曰：泣血涟如，何可长也。

【译文】

上六：乘马徘徊不进，哭得血泪不断。

《象》曰：血泪不断流，不可长久。

2022 年 3 月 27 日　星期日

蒙卦第四

壬寅年　癸卯月　庚辰日

二月廿六

蒙　坎下艮上

【原文】

蒙：亨，匪我求童蒙，童蒙求我。初筮告，再三渎，渎则不告。利贞。

【译文】

蒙：亨通顺利，不是我求童蒙，而是童蒙求我。初次占筮则告诉（吉凶），再三（来占问）是渎慢（占筮），渎慢则不告诉（吉凶）。（此占）宜于守正道。

2022 年 3 月 28 日　星期一

壬寅年　癸卯月　辛巳日

二月廿七

【原文】

《彖》曰：蒙，山下有险，险而止，蒙。蒙，亨。以亨行，时中也。匪我求童蒙，童蒙求我，志应也。初筮告，以刚中也。再三渎，渎则不告，渎蒙也。蒙以养正，圣功也。

【译文】

《彖》曰：蒙，山下有险难，知有险难而终止，故为蒙。蒙，亨通。以亨道行动，随时而得中。不是我求童蒙，而是童蒙求我，志向同而相应。初次占筮则告诉（吉凶），是因得刚中之道。再三占筮（是对占筮的）亵渎，亵渎则不告诉（吉凶）。这种亵渎怠慢，是蒙昧（的表现）。将蒙昧培养入正道，这正是圣人的功绩。

壬寅年 癸卯月 壬午日

二月廿八

【原文】

《象》曰：山下出泉，蒙。君子以果行育德。

【译文】

《象》曰：山下出泉水，此蒙卦卦象。君子（效法此）当因有过失而培养自己的品德。

2022 年 3 月 30 日 星期三

壬寅年　癸卯月　癸未日

二月廿九

【原文】

初六：发蒙，利用刑人，用说桎梏，以往吝。

《象》曰：利用刑人，以正法也。

【译文】

初六：启发蒙昧者，宜用刑人（使之得到警戒），脱去（刑人）桎梏，（虽）已可往，（但）行动仍很困难。

《象》曰：宜用受刑人，（居初）宜正法律。

2022 年 3 月 31 日　星期四

壬寅年　癸卯月　甲申日

三月初一

【原文】

九二：包蒙吉。纳妇吉，子克家。

《象》曰：子克家，刚柔接也。

【译文】

九二：取其蒙昧幼稚则吉。娶媳妇吉，儿子成家。

《象》曰：儿子成家，阳刚与阴柔相接应。

2022 年 4 月 1 日　星期五

壬寅年　癸卯月　乙酉日

三月初二

【原文】

六三：勿用取女，见金夫，不有躬，无攸利。

《象》曰：勿用取女，行不顺也。

【译文】

六三：不要娶此女子，（她）见了有金钱的男人即失身，（这婚事）没有好处。

《象》曰：不要娶此女，行动不顺利。

2022 年 4 月 2 日　星期六

壬寅年　癸卯月　丙戌日

三月初三

【原文】

六四：困蒙，吝。

《象》曰：困蒙之吝，独远实也。

【译文】

六四：被蒙昧所困，必有悔吝。

《象》曰：被蒙昧所困而带来的困难，独自远离（阳爻）之实。

2022 年 4 月 3 日　星期日

壬寅年 癸卯月 丁亥日

三月初四

【原文】

六五：童蒙，吉。

《象》曰：童蒙之吉，顺以巽也。

【译文】

六五：孩子的幼稚，主吉。

《象》曰：儿童般蒙昧有吉，是顺从而卑逊下求。

2022 年 4 月 4 日　星期一

壬寅年　甲辰月　戊子日

三月初五　清明

【原文】

上九：击蒙，不利为寇；利，御寇。

《象》曰：利用御寇，上下顺也。

【译文】

上九：惩治蒙昧若方法不适宜，蒙昧者可变为盗寇；若适宜，蒙昧者可防御盗寇。

《象》曰：适于御防盗寇，（是因为）上下顺利。

2022 年 4 月 5 日　星期二

需卦第五

壬寅年　甲辰月　己丑日

三月初六

需　乾下坎上

【原文】

需：有孚，光亨，贞吉，利涉大川。

【译文】

需：有诚信而广大亨通，占问则吉，宜于涉大河。

2022 年 4 月 6 日　星期三

壬寅年　甲辰月　庚寅日

三月初七

【原文】

《彖》曰：需，须也。险在前也，刚健而不陷，其义不困穷矣。需，有孚，光亨贞吉，位乎天位，以正中也。利涉大川，往有功也。

【译文】

《彖》曰：需，等待。危险在前方，有刚健而不会陷入，其义为不困穷。需，有诚信广大亨通，而占问吉利，（九五爻）位于天子之位，故居正而得中道。宜于涉越大河，前往可以建功立业。

2022 年 4 月 7 日　星期四

壬寅年　甲辰月　辛卯日

三月初八

【原文】

《象》曰：云上于天，需。君子以饮食宴乐。

【译文】

《象》曰：云上升于天，此需卦之象。君子（效法此）当以饮食安乐（而待时）。

2022年4月8日　星期五

壬寅年　甲辰月　壬辰日

三月初九

【原文】

初九：需于郊，利用恒，无咎。

《象》曰：需于郊，不犯难行也。利用恒无咎，未失常也。

【译文】

初九：停留在旷野中，持之以恒，则无灾害。

《象》曰：停留于郊外，不冒险行动。宜于安静守常无咎，未失常道。

2022 年 4 月 9 日　星期六

壬寅年　甲辰月　癸巳日

三月初十

【原文】

九二：需于沙，小有言，终吉。

《象》曰：需于沙，衍在中也。虽小有言，以吉终也。

【译文】

九二：停留于沙滩中，少有口舌是非，最终得吉。

《象》曰：停留在沙滩中，沙衍在其中。虽少有责难，但以吉而告终。

2022 年 4 月 10 日　星期日

壬寅年　甲辰月　甲午日

三月十一

【原文】

九三：需于泥，致寇至。

《象》曰：需于泥，灾在外也。自我致寇，敬慎不败也。

【译文】

九三：停留于泥泞中，以致招来盗寇。

《象》曰：在泥泞中停留，灾难就在近前外卦。自己招致盗寇，只有恭敬谨慎才不败于寇。

壬寅年　甲辰月　乙未日

三月十二

【原文】

六四：需于血，出自穴。

《象》曰：需于血，顺以听也。

【译文】

六四：停留在沟洫中，离开居住的地方。

《象》曰：停留在沟洫中，乃柔顺而听命。

2022 年 4 月 12 日　星期二

壬寅年　甲辰月　丙申日

三月十三

【原文】

九五：需于酒食，贞吉。

《象》曰：酒食贞吉，以中正也。

【译文】

九五：停留在酒食中，占之则吉。

《象》曰：酒席上守正则吉，因守中正之道。

2022年4月13日　星期三

壬寅年　甲辰月　丁酉日

三月十四

【原文】

上六：入于穴，有不速之客三人来，敬之终吉。

《象》曰：不速之客来，敬之终吉。虽不当位，未大失也。

【译文】

上六：进入自己居住的地方，有三个不速之客来，（如果）以礼敬之，最终得吉。

《象》曰：不速之客到来，以礼相敬最终则吉，虽位不当，但没有大的过失。

2022 年 4 月 14 日　星期四

讼卦第六

壬寅年　甲辰月　戊戌日

三月十五

讼　坎下乾上

【原文】

讼：有孚，窒惕。中吉，终凶。利见大人，不利涉大川。

【译文】

讼：有诚信，后悔惧怕。（争讼）中有吉，（但）最终还是凶。适合见大人，（但）不宜涉越大河。

2022 年 4 月 15 日　星期五

壬寅年　甲辰月　己亥日

三月十六

【原文】

《彖》曰：讼，上刚下险，险而健，讼。讼，有孚，窒惕，中吉，刚来而得中也。终凶，讼不可成也。利见大人，尚中正也。不利涉大川，入于渊也。

【译文】

《彖》曰：讼，上有（天之阳）刚下有（坎之）陷险，有险难而得刚健，故为讼。讼，有诚信，后悔害怕，在争讼中得吉，阳刚来而得中位。最终有凶，争讼没有取胜。适合见有权势的人，这是崇尚中正之德。不宜涉越大河，（此指将）入于深渊。

壬寅年　甲辰月　庚子日

三月十七

【原文】

《象》曰：天与水违行，讼。君子以作事谋始。

【译文】

《象》曰：天与水违背而行，乃讼之象。君子（效法此）当在做事时考虑好如何开始。

2022 年 4 月 17 日　星期日

壬寅年　甲辰月　辛丑日

三月十八

【原文】

初六：不永所事，小有言，终吉。

《象》曰：不永所事，讼不可长也。虽有小言，其辩明也。

【译文】

初六：不为争讼之事纠缠不休，少有口舌是非，最终得吉。

《象》曰：不长久陷入争讼之事，争讼之事不可长久。虽少有责难，但自会辩解明白。

2022 年 4 月 18 日　星期一

壬寅年　甲辰月　壬寅日

三月十九

【原文】

九二：不克讼，归而逋，其邑人三百户无眚。

《象》曰：不克讼，归逋窜也。自下讼上，患至掇也。

【译文】

九二：没有在争讼中取胜，返回后要逃避。其邑人三百户无灾害。

《象》曰：没有在讼事中取胜，返回来躲避，此为逃窜。（九二）在下而讼上（九五），祸患至必忧虑。

2022 年 4 月 19 日　星期二

壬寅年　甲辰月　癸卯日

三月二十　谷雨

【原文】

六三：食旧德，贞厉，终吉。或从王事，无成。

《象》曰：食旧德，从上吉也。

【译文】

六三：享用旧有恩德，占之虽有危厉，而最终得吉。迷惑跟从君王做事，无所成功。

《象》曰：享受旧的恩德，顺从上则吉。

2022年4月20日　星期三

壬寅年　甲辰月　甲辰日

三月廿一

【原文】

九四：不克讼，复即命，渝，安贞吉。

《象》曰：复即命渝，安贞不失也。

【译文】

九四：没有在争讼中取胜，反悔就从命，改变初衷，安守正道则吉。

《象》曰：反悔即从命改变初衷，安于正道不会有失。

2022年4月21日　星期四

壬寅年　甲辰月　乙巳日

三月廿二

【原文】

九五：讼元吉。

《象》曰：讼元吉，以中正也。

【译文】

九五：争讼开始得吉。

《象》曰：争讼开始得吉，以得中正之道。

2022 年 4 月 22 日　星期五

壬寅年　甲辰月　丙午日

三月廿三

【原文】

上九：或锡之鞶带，终朝三褫之。

《象》曰：以讼受服，亦不足敬也。

【译文】

上九：迷惑地（在争讼中）被赐以鞶带，一日之内又三次被剥夺。

《象》曰：在争讼中被授以鞶带，不足以尊敬。

2022 年 4 月 23 日　星期六

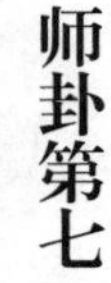

壬寅年　甲辰月　丁未日

三月廿四

师　坎下坤上

【原文】

师：贞丈人，吉，无咎。

【译文】

师：占问率师之人，吉，无灾。

2022 年 4 月 24 日　星期日

壬寅年　甲辰月　戊申日

三月廿五

【原文】

《彖》曰：师，众也。贞，正也。能以众正，可以王矣。刚中而应，行险而顺，以此毒天下，而民从之，吉又何咎矣。

【译文】

《彖》曰：师，为众。贞，为守正道。若能使众人皆行正道，则可以为天下王。（师九五）以阳刚居中而应众阴，行于险难而顺利。以此道治理天下，而得民众顺从它。此乃吉祥，又有何咎灾？

2022 年 4 月 25 日　星期一

壬寅年　甲辰月　己酉日

三月廿六

【原文】

《象》曰：地中有水，师。君子以容民畜众。

【译文】

《象》曰：地中有水，师之象。君子（效法此）当容纳人民畜养庶众。

2022 年 4 月 26 日　星期二

壬寅年　甲辰月　庚戌日

三月廿七

【原文】

初六：师出以律，否臧凶。

《象》曰：师出以律，失律凶也。

【译文】

初六：出兵当依乐律进退，不然，出师虽顺成亦有凶。

《象》曰：出兵打仗皆以乐律进退，有律不从出师必凶。

2022 年 4 月 27 日　星期三

壬寅年　甲辰月　辛亥日

三月廿八

【原文】

九二：在师中，吉，无咎。王三锡命。

《象》曰：在师中吉，承天宠也。王三锡命，怀万邦也。

【译文】

九二：军队有巩固的中心，吉，无灾。王三次赐命（嘉奖）。

《象》曰：主帅在中军则吉，乃承应天（六五）之宠爱。大王三次赐命嘉奖，居下心怀万邦。

2022 年 4 月 28 日　星期四

壬寅年　甲辰月　壬子日

三月廿九

【原文】

六三：师或舆尸，凶。

《象》曰：师或舆尸，大无功也。

【译文】

六三：出师疑惑，以致战败，载尸而归，凶。

《象》曰：出师疑惑载尸而归，大无功劳。

2022 年 4 月 29 日　星期五

壬寅年　甲辰月　癸丑日

三月三十

【原文】

六四：师左次，无咎。

《象》曰：左次无咎，未失常也。

【译文】

六四：军队驻扎于左方，则无灾害。

《象》曰：（军队）驻扎于左方无咎，未失常道。

2022 年 4 月 30 日　星期六

壬寅年　甲辰月　甲寅日

四月初一

【原文】

六五：田有禽，利执言，无咎。长子帅师，弟子舆尸，贞凶。

《象》曰：长子帅师，以中行也。弟子舆师，使不当也。

【译文】

六五：田中有禽兽，宜捕捉之，无灾害。长子率师作战，次子以车载尸，占问凶。

《象》曰：长子统率军队，而得中道。次子载尸，任用不当。

2022 年 5 月 1 日　星期日

壬寅年　甲辰月　乙卯日

四月初二

【原文】

上六：大君有命，开国承家，小人勿用。

《象》曰：大君有命，以正功也。小人勿用，必乱邦也。

【译文】

上六：大君论功封爵赐命。封诸侯，开创千乘大国；授卿士大夫，世袭百乘之家。小人则不可用。

《象》曰：大君有命，正定功劳。小人不可用，（用之）必乱邦国。

2022 年 5 月 2 日　星期一

比卦第八

壬寅年　甲辰月　丙辰日

四月初三

比　坤下坎上

【原文】

比：吉，原筮，元永贞，无咎。不宁方来，后夫凶。

【译文】

比：吉，再次占筮，开始即应永远守正，无灾咎。不安宁的事将并行而至，后来之人要有凶。

2022 年 5 月 3 日　星期二

壬寅年　甲辰月　丁巳日

四月初四

【原文】

《象》曰：比，吉也；比，辅也，下顺从也。原筮，元永贞，无咎，以刚中也。不宁方来，上下应也。后夫凶，其道穷也。

【译文】

《象》曰：比，吉；比，有亲辅之义，居下而能顺从。再次占筮，开始永守正道，无灾害，（九五）以刚而得中。不安宁的事情将并行而来，上下（众阴）亲比而相应和。后来的人有凶，此指比道到此穷尽了。

2022 年 5 月 4 日　星期三

壬寅年 乙巳月 戊午日

四月初五 立夏

【原文】

《象》曰：地上有水，比。先王以建万国，亲诸侯。

【译文】

《象》曰：地上有水，比卦之象。先王（效此）当以建立万国，亲比诸侯。

2022 年 5 月 5 日 星期四

壬寅年　乙巳月　己未日

四月初六

【原文】

初六：有孚比之，无咎。有孚盈缶，终来有它吉。

《象》曰：比之初六，有它吉也。

【译文】

初六：有诚信而亲辅，无咎。诚信多得像酒之满缶，最终虽有意外，（仍然）吉。

《象》曰：比初六，有意外的吉利。

2022年5月6日　星期五

壬寅年　乙巳月　庚申日

四月初七

【原文】

六二：比之自内，贞吉。

《象》曰：比之自内，不自失也。

【译文】

六二：亲辅来自内部，占问则吉。

《象》曰：亲比从内部来，不自失其所亲。

2022 年 5 月 7 日　星期六

壬寅年　乙巳月　辛酉日

四月初八

【原文】

六三：比之匪人。

《象》曰：比之匪人，不亦伤乎。

【译文】

六三：所要亲辅的并非应当亲辅之人。

《象》曰：亲辅不是所要亲辅的人，不也是很悲伤的吗？

2022 年 5 月 8 日　星期日

壬寅年　乙巳月　壬戌日

四月初九

【原文】

六四：外比之，贞吉。

《象》曰：外比于贤，以从上也。

【译文】

六四：向外亲辅，占问则吉。

《象》曰：从外亲比于贤人，乃顺从上位。

2022 年 5 月 9 日　星期一

壬寅年　乙巳月　癸亥日

四月初十

【原文】

九五：显比，王用三驱，失前禽。邑人不诫，吉。

《象》曰：显比之吉，位正中也。舍逆取顺，失前禽也。邑人不诫，上使中也。

【译文】

九五：显明之亲辅，王用三面之礼狩猎，失去最前面的禽兽。邑人都不害怕，吉祥。

《象》曰：光明正大亲比而有吉祥，是因位居中正。舍弃（下）逆而取其（上）顺，则失去前禽。邑人不戒备，自上行施中道。

2022 年 5 月 10 日　星期二

壬寅年　乙巳月　甲子日

四月十一

【原文】

上六：比之无首，凶。

《象》曰：比之无首，无所终也。

【译文】

上六：亲辅而没有首领，凶。

《象》曰：亲比而无首领，乃不能亲比到底。

2022年5月11日　星期三

小畜第九

壬寅年　乙巳月　乙丑日

四月十二

小畜　乾下巽上

【原文】

小畜：亨，密云不雨，自我西郊。

【译文】

小畜：亨通，阴云密布起自我的西郊，但无雨。

2022 年 5 月 12 日　星期四

壬寅年　乙巳月　丙寅日

四月十三

【原文】

《彖》曰：小畜，柔得位而上下应之，曰小畜。健而巽，刚中而志行，乃亨。密云不雨，尚往也。自我西郊，施未行也。

【译文】

《彖》曰：小畜，阴柔得位而上下（众阳）应和，故曰小畜。刚健而逊顺，（九二、九五）阳刚居中皆志于行施，故亨。乌云密布而不下雨，此云向上行。云从我的西郊而来，云布施而雨未下。

2022 年 5 月 13 日　星期五

壬寅年　乙巳月　丁卯日

四月十四

【原文】

《象》曰：风行天上，小畜。君子以懿文德。

【译文】

《象》曰：风行于天上，小畜之象。君子（效此）当以修养文辞德业。

2022 年 5 月 14 日　星期六

壬寅年　乙巳月　戊辰日

四月十五

【原文】

初九：复自道，何其咎！吉。

《象》曰：复自道，其义吉也。

【译文】

初九：自己返回，会有什么灾！吉。

《象》曰：自我引导而返回，其义为吉。

2022 年 5 月 15 日　星期日

壬寅年　乙巳月　己巳日

四月十六

【原文】

九二：牵复，吉。

《象》曰：牵复在中，亦不自失也。

【译文】

九二：被领回来，吉。

《象》曰：被牵领返回之辞居中爻，亦不会自失其德。

2022年5月16日　星期一

壬寅年　乙巳月　庚午日
四月十七

【原文】
九三：舆说辐，夫妻反目。
《象》曰：夫妻反目，不能正室也。

【译文】
九三：车身与车轴分离，夫妻怒目而视。
《象》曰：夫妻怒目而视，不能规正妻室。

2022 年 5 月 17 日　星期二

壬寅年　乙巳月　辛未日

四月十八

【原文】

六四：有孚，血去惕出，无咎。

《象》曰：有孚惕出，上合志也。

【译文】

六四：有诚信，摈弃忧虑，排除惊惧，无灾。

《象》曰：有诚信，惊恐可以排除，（六四）上合（九五）之志。

2022年5月18日　星期三

壬寅年　乙巳月　壬申日

四月十九

【原文】

九五：有孚挛如，富以其邻。

《象》曰：有孚挛如，不独富也。

【译文】

九五：以诚信系联，与邻居同富。

《象》曰：有诚信维系，不独自富有。

2022 年 5 月 19 日　星期四

壬寅年　乙巳月　癸酉日

四月二十

【原文】

上九：既雨既处，尚德载，妇贞厉。月几望，君子征凶。

《象》曰：既雨既处，德积载也。君子征凶，有所疑也。

【译文】

上九：天已雨，雨已止，（这车）尚可运载。妇女占之危厉。在月内既望之日，君子出征则凶。

《象》曰：天已雨，雨已止，（阳）德积满而为（阴）所载。君子出征则凶，（上九）有所疑虑。

2022 年 5 月 20 日　星期五

履卦第十

壬寅年　乙巳月　甲戌日

四月廿一　小满

履　兑下乾上

【原文】

履：履虎尾，不咥人，亨。

【译文】

履：踩老虎尾巴，（老虎）不咬人，（此占）亨通。

2022 年 5 月 21 日　星期六

壬寅年　乙巳月　乙亥日

四月廿二

【原文】

《彖》曰：履，柔履刚也。说而应乎乾，是以履虎尾，不咥人，亨。刚中正履帝位而不疚，光明也。

【译文】

《彖》曰：履，阴柔践履阳刚。悦而顺应于乾，所以踩了老虎尾巴，（老虎）不咬人，亨通。（九五）以刚健中正之德居帝王之位，而不负疚后悔，（盛德）光明正大。

2022 年 5 月 22 日　星期日

壬寅年　乙巳月　丙子日

四月廿三

【原文】

《象》曰：上天下泽，履。君子以辨上下，定民志。

【译文】

《象》曰：上天而下泽，履之象。君子（效此象）当辨别上下，安定民志。

2022 年 5 月 23 日　星期一

壬寅年　乙巳月　丁丑日

四月廿四

【原文】

初九：素履往，无咎。

《象》曰：素履之往，独行愿也。

【译文】

初九：穿素鞋去，无灾。

《象》曰：穿素色鞋前往，独自奉行自己的心愿。

2022 年 5 月 24 日　星期二

壬寅年　乙巳月　戊寅日

四月廿五

【原文】

九二：履道坦坦，幽人贞吉。

《象》曰：幽人贞吉，中不自乱也。

【译文】

九二：道路平坦，囚人占之则吉。

《象》曰：囚人占之则吉，履中道而心志不自乱。

2022 年 5 月 25 日　星期三

壬寅年　乙巳月　己卯日

四月廿六

【原文】

六三：眇能视，跛能履，履虎尾，咥人，凶。武人为于大君。

《象》曰：眇能视，不足以有明也。跛能履，不足以与行也。咥人之凶，位不当也。武人为于大君，志刚也。

【译文】

六三：偏盲而视，脚跛而行，踩老虎尾巴，（老虎）咬人，凶。武人为大君报效。

《象》曰：偏盲而视，不足以明辨。脚跛而履，不足以行走。（老虎）咬人之凶，位不正当。武人为大君报效，志向刚正。

2022 年 5 月 26 日　星期四

壬寅年　乙巳月　庚辰日

四月廿七

【原文】

九四：履虎尾，愬愬终吉。

《象》曰：愬愬终吉，志行也。

【译文】

九四：踩老虎尾巴，恐惧而最终得吉。

《象》曰：虽有恐惧但最终有吉，其志行施。

2022 年 5 月 27 日　星期五

壬寅年　乙巳月　辛巳日

四月廿八

【原文】

九五：夬履，贞厉。

《象》曰：夬履，贞厉，位正当也。

【译文】

九五：决然而行，占之将有危厉。

《象》曰：决然而行，占之则有危厉，其位正当。

2022 年 5 月 28 日　星期六

壬寅年　乙巳月　壬午日

四月廿九

【原文】

上九：视履考祥，其旋元吉。

《象》曰：元吉在上，大有庆也。

【译文】

上九：审视其履行，考察其福祸吉凶，只有返回始可得吉。

《象》曰：开始吉祥在上位，大有福庆。

2022 年 5 月 29 日　星期日

泰卦第十一

壬寅年　乙巳月　癸未日

五月初一

泰　乾下坤上

【原文】

泰：小往大来，吉亨。

【译文】

泰：失去者小，得到者大，吉顺亨通。

2022 年 5 月 30 日　星期一

壬寅年 乙巳月 甲申日

五月初二

【原文】

《彖》曰：泰，小往大来，吉亨。则是天地交而万物通也，上下交而其志同也，内阳而外阴，内健而外顺，内君子而外小人。君子道长，小人道消也。

【译文】

《彖》曰：泰，小（阴）去而大（阳）来，吉祥亨通。则是天地（阴阳之气）交感而万物通达生长，（君民）上下交感而其心志相同，内（卦）阳刚而外（卦）阴柔，内（卦）刚健而外（卦）柔顺，内（卦）为君子而外（卦）为小人。君子之道盛长，小人之道消退。

2022 年 5 月 31 日　星期二

壬寅年　乙巳月　乙酉日

五月初三

【原文】

《象》曰：天地交，泰。后以财成天地之道，辅相天地之宜，以左右民。

【译文】

《象》曰：天地相交，泰卦之象。大君（效此）当以裁度天地交通之道，辅助天地化生之宜，以支配天下人民。

2022年6月1日　星期三

壬寅年　乙巳月　丙戌日

五月初四

【原文】

初九：拔茅茹以其汇，征吉。

《象》曰：拔茅征吉，志在外也。

【译文】

初九：拔茅草牵连其类，预示出征作战吉顺。

《象》曰：拔茅草，出征有吉，（初爻）志向在外（卦）。

壬寅年　乙巳月　丁亥日

五月初五

【原文】

九二：包荒，用冯河，不遐遗，朋亡，得尚于中行。

《象》曰：包荒，得尚于中行，以光大也。

【译文】

九二：行取大川，足涉长河，不因偏远而遗弃，不忘记道中而行受到赏赐。

《象》曰：行大河，取道中而得赏，以其广大。

2022 年 6 月 3 日　星期五

壬寅年　乙巳月　戊子日

五月初六

【原文】

九三：无平不陂，无往不复，艰贞无咎。勿恤其孚，于食有福。

《象》曰：无往不复，天地际也。

【译文】

九三：没有只平而不坡，没有只往而不返的，在艰难中守正则可以无咎。不要忧虑返归，（此占）将有口福之吉。

《象》曰：没有只往而不返的，（九三爻处）是天地交接之处。

2022 年 6 月 4 日　星期六

壬寅年　乙巳月　己丑日

五月初七

【原文】

六四：翩翩，不富以其邻，不戒以孚。

《象》曰：翩翩不富，皆失实也。不戒以孚，中心愿也。

【译文】

六四：来往翩翩，不与邻人同富，（也）不以诚信相告诫。

《象》曰：往来翩翩而不富有，（六四与其他二阴）皆失阳实。不必告诫而心存诚信，有居中之心愿。

2022 年 6 月 5 日　星期日

壬寅年　丙午月　庚寅日

五月初八　芒种

【原文】

六五：帝乙归妹，以祉元吉。

《象》曰：以祉元吉，中以行愿也。

【译文】

六五：帝乙嫁女于人，以此得福，开始即吉。

《象》曰：以此得福大吉，实现了居中之心愿。

2022年6月6日　星期一

壬寅年　丙午月　辛卯日

五月初九

【原文】

上六：城复于隍，勿用师。自邑告命，贞吝。

《象》曰：城复于隍，其命乱也。

【译文】

上六：城墙倒塌于城壕中，不能出师。（必须）在邑中祷告天命，占之有悔吝。

《象》曰：城墙倾覆于城壕中，天命变乱。

2022 年 6 月 7 日　星期二

否卦第十二

壬寅年　丙午月　壬辰日

五月初十

否　坤下乾上

【原文】

否：否之匪人，不利君子贞。大往小来。

【译文】

否：隔闭阻塞的不是（那些应该阻隔）的人，不利君子占。（此占）失去的大，得到的小。

2022 年 6 月 8 日　星期三

壬寅年　丙午月　癸巳日

五月十一

【原文】

《象》曰：否之匪人，不利君子贞，大往小来，则是天地不交而万物不通也，上下不交而天下无邦也。内阴而外阳，内柔而外刚，内小人而外君子。小人道长，君子道消也。

【译文】

《象》曰：闭塞阻隔的不是其人，（此占）不利君子，大（阳）往小（阴）来。则是天地之气不能互相交感而万物阻隔（不能生成），（君民）上下不相交感而天下没有邦国。内（卦）阴柔而外（卦）阳刚，内（卦）柔顺而外（卦）刚健，内（卦）为小人而外（卦）为君子。小人之道盛长，君子之道消退。

壬寅年　丙午月　甲午日

五月十二

【原文】

《象》曰：天地不交，否。君子以俭德辟难，不可荣以禄。

【译文】

《象》曰：天地不交合，否卦之象。君子（效此）当以节俭之德避难，（此时）不可得荣誉和禄位。

2022 年 6 月 10 日　星期五

壬寅年　丙午月　乙未日

五月十三

【原文】

初六：拔茅茹以其汇，贞吉，亨。

《象》曰：拔茅贞吉，志在君也。

【译文】

初六：拔茅草，牵连其类，占之则吉，亨通顺利。

《象》曰：拔茅草守正则吉，其志在报效君王。

2022 年 6 月 11 日　星期六

壬寅年　丙午月　丙申日

五月十四

【原文】

六二：包承，小人吉，大人否亨。

《象》曰：大人否亨，不乱群也。

【译文】

六二：取其承色顺意，小人吉，大人不顺。

《象》曰：大人不顺利，小人之群不乱。

2022 年 6 月 12 日　星期日

壬寅年　丙午月　丁酉日

五月十五

【原文】

六三：包羞。

《象》曰：包羞，位不当也。

【译文】

六三：取其进献之物。

《象》曰：取其进献之物，位不正当。

2022 年 6 月 13 日　星期一

壬寅年　丙午月　戊戌日

五月十六

【原文】

九四：有命无咎，畴离祉。

《象》曰：有命无咎，志行也。

【译文】

九四：（君）有赐命而无咎，众人依附同得福禄。

《象》曰：（君）有天命而无咎，其志行施。

2022 年 6 月 14 日　星期二

壬寅年　丙午月　己亥日

五月十七

【原文】

九五：休否，大人吉。其亡其亡，系于苞桑。

《象》曰：大人之吉，位正当也。

【译文】

九五：闭塞已经休止，大人吉利。将要亡呵，将要亡呵，幸亏植桑而未亡。

《象》曰：大人之吉，（九五）居位正当。

2022 年 6 月 15 日　星期三

壬寅年　丙午月　庚子日

五月十八

【原文】

上九：倾否，先否后喜。

《象》曰：否终则倾，何可长也。

【译文】

上九：闭塞已经倾覆，先闭塞，后喜悦。

《象》曰：否至终其道倾覆，有什么可长久的呢！

2022 年 6 月 16 日　星期四

同人卦第十三

壬寅年　丙午月　辛丑日

五月十九

同人　离下乾上

【原文】

同人：同人于野，亨。利涉大川，利君子贞。

【译文】

同人：处旷野与人和同亲辅，亨通。宜于涉越大河，利君子行其正道。

2022 年 6 月 17 日　星期五

壬寅年　丙午月　壬寅日

五月二十

【原文】

《彖》曰：同人，柔得位得中，而应乎乾，曰同人。同人曰：同人于野，亨，利涉大川，乾行也。文明以健，中正而应，君子正也。唯君子为能通天下之志。

【译文】

《彖》曰：同人，（内卦）阴柔得位而居中，与（外卦）乾相应，（天与火同性）故曰同人。同人卦说：于郊野与人同志，亨通，利于涉越大河，乾之阳道利行。文明而且刚健，（二五）处中得正而相应，此为君子之正道。唯有君子才能通达天下人的心志。

2022 年 6 月 18 日　星期六

壬寅年　丙午月　癸卯日

五月廿一

【原文】

《象》曰：天与火，同人。君子以类族辨物。

【译文】

《象》曰：天与火（其性相同），同人之象。君子（效此）当以同类事物相聚辨别事物。

2022年6月19日　星期日

壬寅年　丙午月　甲辰日

五月廿二

【原文】

初九：同人于门，无咎。

《象》曰：出门同人，又谁咎也。

【译文】

初九：与人和同亲辅之情达于门外，无灾。

《象》曰：出门与人同志，又有谁追咎？

2022 年 6 月 20 日　星期一

壬寅年 丙午月 乙巳日

五月廿三 夏至

【原文】

六二：同人于宗，吝。

《象》曰：同人于宗，吝道也。

【译文】

六二：只与宗族内和同亲辅，则难行。

《象》曰：只与宗族内人同志，此难行之道。

2022 年 6 月 21 日 星期二

壬寅年　丙午月　丙午日

五月廿四

【原文】

九三：伏戎于莽，升其高陵，三岁不兴。

《象》曰：伏戎于莽，敌刚也。三岁不兴，安行也。

【译文】

九三：伏兵于林莽之中，（又）登上高陵（观察形势），（恐怕）三年不能兴兵。

《象》曰：设伏兵于草莽之中，敌得阳刚。三年不兴兵交战，待时安行。

2022 年 6 月 22 日　星期三

壬寅年　丙午月　丁未日

五月廿五

【原文】

九四：乘其墉，弗克攻，吉。

《象》曰：乘其墉，义弗克也。其吉，则困而反则也。

【译文】

九四：登上高墙，不再继续进攻，吉。

《象》曰：登上城墙，其义为不再继续进攻。其吉，乃处困穷而返于法则。

2022 年 6 月 23 日　星期四

壬寅年　丙午月　戊申日

五月廿六

【原文】

九五：同人，先号咷而后笑，大师克相遇。

《象》曰：同人之先，以中直也。大师相遇，言相克也。

【译文】

九五：与人和同亲辅，先号哭而后笑，大军克（城）会师。

《象》曰：与人同志而先，（九五）用中直之道。大军相会，是说相克取胜。

2022 年 6 月 24 日　星期五

壬寅年　丙午月　己酉日

五月廿七

【原文】

上九：同人于郊，无悔。

《象》曰：同人于郊，志未得也。

【译文】

上九：与人和同亲辅于邑郊，无悔。

《象》曰：在郊野与人同志，其志未得实现。

2022 年 6 月 25 日　星期六

大有卦第十四

壬寅年　丙午月　庚戌日

五月廿八

大有　乾下离上

【原文】

大有：元亨。

【译文】

大有：始即通达。

2022 年 6 月 26 日　星期日

壬寅年　丙午月　辛亥日

五月廿九

【原文】

《彖》曰：大有，柔得尊位大中，而上下应之，曰大有。其德刚健而文明，应乎天而时行，是以元亨。

【译文】

《彖》曰：大有，阴柔得尊位而居（九四爻与上九爻两阳爻之）中，而上下诸阳皆相应它，故曰大有。其德性刚健而又文明，顺应于天并因时而行，所以开始即亨通。

2022 年 6 月 27 日　星期一

壬寅年　丙午月　壬子日

五月三十

【原文】

《象》曰：火在天上，大有。君子以遏恶扬善，顺天休命。

【译文】

《象》曰：火在天上，大有之象。君子（效此）当遏绝恶行而褒扬善事，以顺天而休其命。

2022 年 6 月 28 日　星期二

壬寅年　丙午月　癸丑日

六月初一

【原文】

初九：无交害，匪咎艰则无咎。

《象》曰：大有初九，无交害也。

【译文】

初九：未涉及利害，没有灾难根源则无灾。

《象》曰：大有初九，（在事之初）不涉及利害。

2022 年 6 月 29 日　星期三

壬寅年　丙午月　甲寅日

六月初二

【原文】

九二：大车以载，有攸往，无咎。

《象》曰：大车以载，积中不败也。

【译文】

九二：以大车载物，有所往，无灾。

《象》曰：用大车以载物，乃居中而不败坏。

2022 年 6 月 30 日　星期四

壬寅年　丙午月　乙卯日

六月初三

【原文】

九三：公用亨于天子，小人弗克。

《象》曰：公用亨于天子，小人害也。

【译文】

九三：公侯向天子朝献贡品，小人做不到。

《象》曰：三公朝献于天子，对小人来说有害。

2022 年 7 月 1 日　星期五

壬寅年　丙午月　丙辰日

六月初四

【原文】

九四：匪其彭，无咎。

《象》曰：匪其彭，无咎，明辨晢也。

【译文】

九四：不以盛大骄人，无灾。

《象》曰：不以盛大骄人，无咎，明辨清晰。

2022年7月2日　星期六

壬寅年　丙午月　丁巳日

六月初五

【原文】

六五：厥孚交如，威如，吉。

《象》曰：厥孚交如，信以发志也。威如之吉，易而无备也。

【译文】

六五：其诚信之交，有其威严，吉。

《象》曰：其诚信相交，以诚信发上下之志。威严而有吉利，（乃有威严勿用）唯行平易而无防备。

2022 年 7 月 3 日　星期日

壬寅年　丙午月　戊午日

六月初六

【原文】

上九：自天祐之，吉，无不利。

《象》曰：大有上吉，自天祐也。

【译文】

上九：有上天保佑，吉，无不利。

《象》曰：大有上爻之吉，乃是因为有上天佑助。

2022 年 7 月 4 日　星期一

谦卦第十五

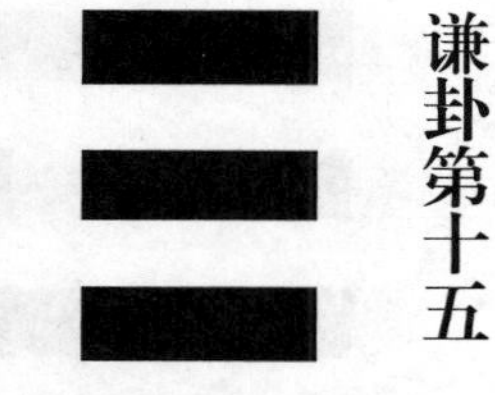

壬寅年　丙午月　己未日

六月初七

谦　艮下坤上

【原文】

谦：亨，君子有终。

【译文】

谦：亨通，君子有美好的结局。

2022 年 7 月 5 日　星期二

壬寅年　丙午月　庚申日

六月初八

【原文】

《象》曰：谦，亨，天道下济而光明，地道卑而上行，天道亏盈而益谦，地道变盈而流谦，鬼神害盈而福谦，人道恶盈而好谦。谦尊而光，卑而不可逾，君子之终也。

【译文】

《象》曰：谦，亨通，天道下施（于地）故（万物）光明，地道卑下而（万物）向上生长，天道亏损盈满而增益欠缺，地道变换盈满而流注补益欠缺，鬼神祸害盈满而致富于谦虚，人道厌恶盈满而喜欢谦虚。谦道，尊让而使自己变得光明高大，处卑下（而高）不可逾越。此为君子（德性修养）的终极。

2022 年 7 月 6 日　星期三

壬寅年　丁未月　辛酉日

六月初九　小暑

【原文】

《象》曰：地中有山，谦。君子以裒多益寡，称物平施。

【译文】

《象》曰：地中有山，谦卦之象。君子（效此）以裒取多而增益寡，称量其物以平均施予。

2022 年 7 月 7 日　星期四

壬寅年 丁未月 壬戌日

六月初十

【原文】

初六：谦谦君子，用涉大川，吉。

《象》曰：谦谦君子，卑以自牧也。

【译文】

初六：君子谦而又谦，用以涉越大河，吉。

《象》曰：谦而又谦的君子，处卑下之位而自养其德。

2022 年 7 月 8 日 星期五

壬寅年　丁未月　癸亥日

六月十一

【原文】

六二：鸣谦，贞吉。

《象》曰：鸣谦贞吉，中心得也。

【译文】

六二：有名而谦，占问吉利。

《象》曰：有名声而谦虚，占问则吉，处中有所得。

2022 年 7 月 9 日　星期六

壬寅年　丁未月　甲子日

六月十二

【原文】

九三：劳谦，君子有终，吉。

《象》曰：劳谦君子，万民服也。

【译文】

九三：有功而谦，君子有好的结果，吉。

《象》曰：有功劳而谦虚的君子，万民服从。

2022 年 7 月 10 日　星期日

壬寅年 丁未月 乙丑日

六月十三

【原文】

六四：无不利，㧑谦。

《象》曰：无不利㧑谦，不违则也。

【译文】

六四：无不顺利，发挥其谦。

《象》曰：无所不利，发挥谦德，不违背谦之法则。

2022年7月11日 星期一

壬寅年　丁未月　丙寅日

六月十四

【原文】

六五：不富以其邻，利用侵伐，无不利。

《象》曰：利用侵伐，征不服也。

【译文】

六五：不与邻居同富，宜用讨伐（惩治），无所不利。

《象》曰：适合出征讨伐，征伐不服。

2022年7月12日　星期二

壬寅年　丁未月　丁卯日

六月十五

【原文】

上六：鸣谦，利用行师，征邑国。

《象》曰：鸣谦，志未得也。可用行师，征邑国也。

【译文】

上六：有名望而又谦虚，（这样才）宜于出兵，讨伐邑国。

《象》曰：有名声而谦虚，其志未得实现。可以兴师出兵，征伐邑国。

2022 年 7 月 13 日　星期三

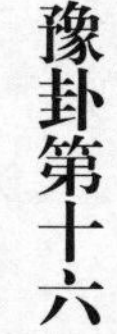

豫卦第十六

壬寅年　丁未月　戊辰日

六月十六

豫　坤下震上

【原文】

豫：利建侯，行师。

【译文】

豫：宜于封建侯国及用兵作战。

2022 年 7 月 14 日　星期四

壬寅年　丁未月　己巳日

六月十七

【原文】

《彖》曰：豫，刚应而志行，顺以动，豫。豫，顺以动，故天地如之，而况建侯行师乎。天地以顺动，故日月不过，而四时不忒。圣人以顺动，则刑罚清而民服。豫之时义大矣哉。

【译文】

《彖》曰：豫，阳刚（为阴柔）所应，其志才能行施，顺从其性而动，这就是豫。豫，顺性而动，所以天地都遵从这一规律，更何况封建诸侯、出兵打仗这些事情呢！天地顺乎时而动，故日月运行不失其度，而四时更替亦无差错。圣人顺乎天时而动，则刑罚清明而万民服从。豫卦时所包含的意义太大啦！

2022年7月15日　星期五

壬寅年　丁未月　庚午日

六月十八

【原文】

《象》曰：雷出地奋，豫。先王以作乐崇德，殷荐之上帝，以配祖考。

【译文】

《象》曰：雷出地上而动，豫卦之象。先王（效此）制作音乐以增崇其德，用盛大祭祀进献于上帝，并配享祖宗。

2022 年 7 月 16 日　星期六

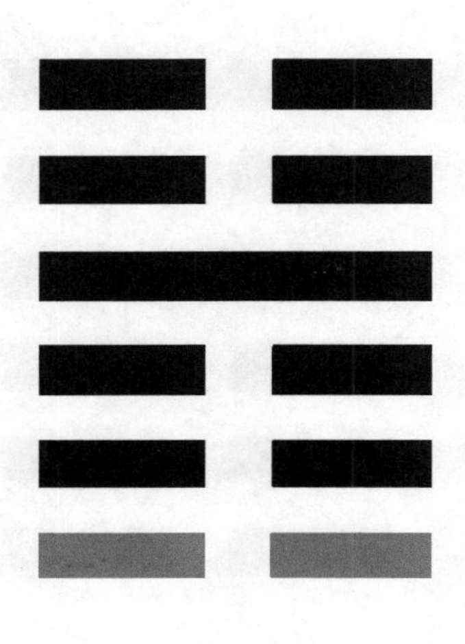

壬寅年　丁未月　辛未日

六月十九

【原文】

初六：鸣豫，凶。

《象》曰：初六鸣豫，志穷凶也。

【译文】

初六：以喜佚悦乐而闻名，将有凶。

《象》曰：初六爻豫乐而闻名，其志穷极而有凶。

2022 年 7 月 17 日　星期日

壬寅年　丁未月　壬申日

六月二十

【原文】

六二：介于石，不终日，贞吉。

《象》曰：不终日，贞吉，以中正也。

【译文】

六二：坚贞如磐石，不待终日，占问得吉。

《象》曰：不待终日，占问有吉，因用中正之道。

2022 年 7 月 18 日　星期一

壬寅年　丁未月　癸酉日

六月廿一

【原文】

六三：盱豫，悔；迟，有悔。

《象》曰：盱豫有悔，位不当也。

【译文】

六三：仰视（媚颜）为乐，将有悔；迟疑不决，亦有悔。

《象》曰：仰视（媚颜）为乐将有悔，（六三）位不正当。

2022 年 7 月 19 日　星期二

壬寅年　丁未月　甲戌日

六月廿二

【原文】

九四：由豫，大有得，勿疑，朋盍簪。

《象》曰：由豫，大有得，志大行也。

【译文】

九四：由于从事娱乐而大有所得，勿需疑虑，朋友聚合如簪。

《象》曰：由于娱乐而大有所得，乃志大行。

2022 年 7 月 20 日　星期三

壬寅年　丁未月　乙亥日

六月廿三

【原文】

六五：贞疾，恒不死。

《象》曰：六五贞疾，乘刚也。恒不死，中未亡也。

【译文】

六五：占问疾病，（得此病）长久不死。

《象》曰：六五占问有疾病，是乘阳刚（造成的）。长时间不死，乃用中而未死亡。

2022 年 7 月 21 日　星期四

壬寅年 丁未月 丙子日
六月廿四

【原文】
上六：冥豫，成有渝，无咎。
《象》曰：冥豫在上，何可长也。

【译文】
上六：日暮仍醉于娱乐，事虽成而有变，（却）无灾害。
《象》曰：日暮昏冥娱乐，居上位，如何能长久呢？

2022年7月22日 星期五

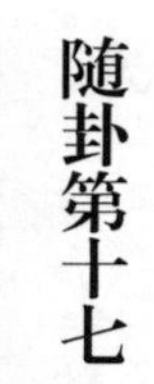

壬寅年　丁未月　丁丑日

六月廿五　大暑

随　震下兑上

【原文】

随：元亨，利贞，无咎。

【译文】

随：开始即通达而宜于守正，无灾害。

2022 年 7 月 23 日　星期六

壬寅年　丁未月　戊寅日

六月廿六

【原文】

《彖》曰：随，刚来而下柔，动而说，随。大亨贞无咎，而天下随时。随时之义大矣哉。

【译文】

《彖》曰：随，阳刚（自外卦）来而居（内卦阴爻之）下，动而喜悦，所以称随。大道通顺而得正无咎，天下万物皆随时（而变化）。随卦时所含有的意义太大啦！

2022 年 7 月 24 日　星期日

壬寅年　丁未月　己卯日

六月廿七

【原文】

《象》曰：泽中有雷，随。君子以向晦入宴息。

【译文】

《象》曰：泽中有雷动，随卦之象。君子（效此）在晦冥之时，当入内卧寝而休息。

2022 年 7 月 25 日　星期一

壬寅年　丁未月　庚辰日

六月廿八

【原文】

初九：官有渝，贞吉，出门交有功。

《象》曰：官有渝，从正吉也。出门交有功，不失也。

【译文】

初九：馆舍有变，占之则吉，出门有所交遇，而得到功效。

《象》曰：馆舍有变动，从正道而得吉祥。出门交遇而有功，不失正道。

2022 年 7 月 26 日　星期二

壬寅年　丁未月　辛巳日

六月廿九

【原文】

六二：系小子，失丈夫。

《象》曰：系小子，弗兼与也。

【译文】

六二：捆绑小孩，失掉了成年人。

《象》曰：捆绑小孩，丈夫与小孩不能兼而有之。

2022 年 7 月 27 日　星期三

壬寅年　丁未月　壬午日

六月三十

【原文】

六三：系丈夫，失小子。随有求得，利居贞。

《象》曰：系丈夫，志舍下也。

【译文】

六三：捆绑成年人，失掉了小孩。随从别人，有求而得，利于居家守正。

《象》曰：捆绑丈夫，其志向是舍弃下（初九）。

2022 年 7 月 28 日　星期四

壬寅年 丁未月 癸未日

七月初一

【原文】

九四：随有获，贞凶。有孚在道，以明，何咎？

《象》曰：随有获，其义凶也。有孚在道，明功也。

【译文】

九四：随从别人而有所获，占问则凶。（然而）存诚信而守正道，且有盟誓，有何灾害？

《象》曰：随从别人而有所获，其辞义有凶。有诚信而合乎正道，明示功效。

2022年7月29日 星期五

壬寅年　丁未月　甲申日

七月初二

【原文】

九五：孚于嘉，吉。

《象》曰：孚于嘉，吉，位正中也。

【译文】

九五：存诚于善美，吉。

《象》曰：存诚于善美之中则有吉，其位正中。

2022 年 7 月 30 日　星期六

壬寅年　丁未月　乙酉日

七月初三

【原文】

上六：拘系之，乃从维之，王用亨于西山。

《象》曰：拘系之，上穷也。

【译文】

上六：先遭囚禁，后又获释，（为此）大王祭享于西山。

《象》曰：遭到囚禁，上六其道穷极。

2022 年 7 月 31 日　星期日

蛊卦第十八

壬寅年 丁未月 丙戌日

七月初四

蛊 巽下艮上

【原文】

蛊：元亨，利涉大川。先甲三日，后甲三日。

【译文】

蛊：始即亨通顺利，宜于涉越大河，（当以）甲前三日，甲后三日（为宜）。

2022 年 8 月 1 日 星期一

壬寅年　丁未月　丁亥日

七月初五

【原文】

《象》曰：蛊，刚上而柔下，巽而止，蛊。蛊，元亨，而天下治也。利涉大川，往有事也。先甲三日，后甲三日，终则有始，天行也。

【译文】

《象》曰：蛊，阳刚居上位而阴柔居下位，逊顺而知止，所以为蛊。蛊，开始亨通，而天下大治。适宜涉越大河，前往当有事发生。甲前三日（辛日），甲后三日（丁日）。（月之盈亏，日之出没）都是有终必有始，这是天道运行的规律。

2022 年 8 月 2 日　星期二

壬寅年　丁未月　戊子日

七月初六

【原文】

《象》曰：山下有风，蛊。君子以振民育德。

【译文】

《象》曰：山下有风，蛊卦之象。君子（效此）当振济民众而培养德性（以增其感召力）。

2022年8月3日　星期三

壬寅年　丁未月　己丑日

七月初七

【原文】

初六：干父之蛊，有子，考无咎。厉，终吉。

《象》曰：干父之蛊，意承考也。

【译文】

初六：匡正父亲过失，有这样的儿子，（则父亲）没有灾祸。虽有危厉，最终得吉。

《象》曰：匡正父之过失，其意在顺承父意。

2022 年 8 月 4 日　星期四

壬寅年　丁未月　庚寅日

七月初八

【原文】

九二：干母之蛊，不可贞。

《象》曰：干母之蛊，得中道也。

【译文】

九二：匡正母亲之失，不可固执守正。

《象》曰：匡正母之过失，需得中道。

2022 年 8 月 5 日　星期五

壬寅年　丁未月　辛卯日

七月初九

【原文】

九三：干父之蛊，小有悔，无大咎。

《象》曰：干父之蛊，终无咎也。

【译文】

九三：匡正父亲之失，虽多少有些后悔，（但却）无大过。

《象》曰：匡正父之过失，最终无咎。

2022 年 8 月 6 日　星期六

壬寅年　戊申月　壬辰日

七月初十　立秋

【原文】

六四：裕父之蛊，往见吝。

《象》曰：裕父之蛊，往未得也。

【译文】

六四：宽容父亲之失，前往仍出现羞辱。

《象》曰：宽容父之过失，往而未能正其过失。

2022 年 8 月 7 日　星期日

壬寅年　戊申月　癸巳日

七月十一

【原文】

六五：干父之蛊，用誉。

《象》曰：干父用誉，承以德也。

【译文】

六五：以荣誉匡正父亲之失。

《象》曰：用荣誉来匡正父之过失，需以德承受。

2022 年 8 月 8 日　星期一

壬寅年　戊申月　甲午日

七月十二

【原文】

上九：不事王侯，高尚其事。

《象》曰：不事王侯，志可则也。

【译文】

上九：不为王侯做事，高尚自守其事。

《象》曰：不为王侯做事，其清高志向可以效法。

2022 年 8 月 9 日　星期二

临卦第十九

壬寅年　戊申月　乙未日

七月十三

临　兑下坤上

【原文】

临：元亨，利贞。至于八月有凶。

【译文】

临：开始亨通顺利，利于守正，到八月将有凶事。

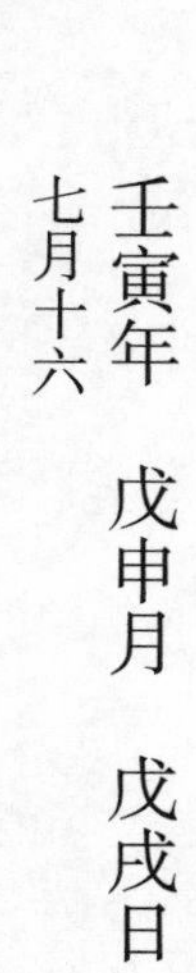

壬寅年　戊申月　戊戌日

七月十六

【原文】

初九：咸临，贞吉。

《象》曰：咸临贞吉，志行正也。

【译文】

初九：以感化之心而临民，占之则吉。

《象》曰：以感化之心临民守正则吉，其志行正道。

2022 年 8 月 13 日　星期六

壬寅年　戊申月　己亥日
七月十七

【原文】
九二：咸临，吉，无不利。
《象》曰：咸临吉无不利，未顺命也。

【译文】
九二：以感化而临民，吉无不利。
《象》曰：以感化之心临民则吉无所不利，（阳刚居二）未能听从天命。

2022 年 8 月 14 日　星期日

壬寅年　戊申月　庚子日

七月十八

【原文】

六三：甘临，无攸利。既忧之，无咎。

《象》曰：甘临，位不当也。既忧之，咎不长也。

【译文】

六三：只凭甜言蜜语临民是没有利的。已知此而忧之，则无灾害。

《象》曰：用甘言临民，是说（六三）位不正当。已知此而忧之，其咎不会长久。

2022 年 8 月 15 日　星期一

壬寅年　戊申月　辛丑日
七月十九

【原文】
六四：至临，无咎。
《象》曰：至临无咎，位当也。

【译文】
六四：下临民情，则无灾。
《象》曰：至下临民则无咎，其位正当。

2022 年 8 月 16 日　星期二

壬寅年　戊申月　壬寅日

七月二十

【原文】

六五：知临，大君之宜，吉。

《象》曰：大君之宜，行中之谓也。

【译文】

六五：凭聪明睿智而临民，懂得大君之所宜，则吉。

《象》曰：大君处理事得当，有行中道之说。

2022 年 8 月 17 日　星期三

壬寅年　戊申月　癸卯日

七月廿一

【原文】

上六：敦临，吉，无咎。

《象》曰：敦临之吉，志在内也。

【译文】

上六：以厚道临民，吉利，无灾害。

《象》曰：以敦厚临民而得吉，志在内卦（二阳）。

2022 年 8 月 18 日　星期四

观卦第二十

壬寅年　戊申月　甲辰日

七月廿二

观　坤下巽上

【原文】

观：盥而不荐，有孚颙若。

【译文】

观：祭祀前洗手自洁，而不必奉献酒食以祭。（心存）诚信而崇敬之貌可仰。

2022 年 8 月 19 日　星期五

壬寅年　戊申月　乙巳日

七月廿三

【原文】

《彖》曰：大观在上，顺而巽，中正以观天下，观。盥而不荐，有孚颙若，下观而化也。观天之神道，而四时不忒。圣人以神道设教，而天下服矣。

【译文】

《彖》曰：（阳）大在上（为四阴所观），顺从而逊让。（九五）又以中居正而观天下，故为观。祭前洗手，而不必奉献祭品以祭神，心存诚信而崇敬之貌可仰，下（阴）观示上（阳）而感化。观示天之神道，而四时更替不出差错。圣人用神道来设立教化，天下万民皆顺服。

2022年8月20日　星期六

壬寅年　戊申月　丙午日

七月廿四

【原文】

《象》曰：风行地上，观。先王以省方，观民设教。

【译文】

《象》曰：风行在地上，观卦之象。先王（效此）巡狩省察四方，观示民情以设政教。

2022 年 8 月 21 日　星期日

壬寅年　戊申月　丁未日

七月廿五

【原文】

初六：童观，小人无咎，君子吝。

《象》曰：初六童观，小人道也。

【译文】

初六：幼稚地观察（问题），小人无灾，（而）君子则难以成事。

《象》曰：初六孩童般幼稚地观看，乃小人之道。

2022年8月22日　星期一

壬寅年　戊申月　戊申日

七月廿六　处暑

【原文】

六二：窥观，利女贞。

《象》曰：窥观女贞，亦可丑也。

【译文】

六二：从门缝中窥视，宜女子守正（但对于君子来讲不好了）。

《象》曰：由门缝偷看，女子守正，亦可为丑辱。

2022 年 8 月 23 日　星期二

壬寅年　戊申月　己酉日

七月廿七

【原文】

六三：观我生，进退。

《象》曰：观我生进退，未失道也。

【译文】

六三：观察审视自己的庶民以定其施政的进退。

《象》曰：观察自己庶民以定进退政策，未失观道。

2022 年 8 月 24 日　星期三

壬寅年　戊申月　庚戌日

七月廿八

【原文】

六四：观国之光，利用宾于王。

《象》曰：观国之光，尚宾也。

【译文】

六四：观察一国风俗民情，宜用宾主之礼朝见国王。

《象》曰：观察一国风俗民情，适合于用宾礼奉上。

2022 年 8 月 25 日　星期四

壬寅年　戊申月　辛亥日

七月廿九

【原文】

九五：观我生，君子无咎。

《象》曰：观我生，观民也。

【译文】

九五：观察自己的庶民，君子无灾。

《象》曰：观察自己的庶民，观示民众。

2022 年 8 月 26 日　星期五

壬寅年　戊申月　壬子日

八月初一

【原文】

上九：观其生，君子无咎。

《象》曰：观其生，志未平也。

【译文】

上九：观察他国庶民，君子无灾。

《象》曰：观察它国民众，其志未能平和。

2022 年 8 月 27 日　星期六

噬嗑卦第二十一

壬寅年　戊申月　癸丑日

八月初二

噬嗑　震下离上

【原文】

噬嗑：亨，利用狱。

【译文】

噬嗑：亨通，宜于处理刑狱之事。

壬寅年 戊申月 甲寅日

八月初三

【原文】

《彖》曰：颐中有物曰噬嗑，噬嗑而亨。刚柔分，动而明，雷电合而章。柔得中而上行，虽不当位，利用狱也。

【译文】

《彖》曰：腮中含物叫作噬嗑，噬嗑而能亨通。阳刚阴柔分布（内外），动而光明，雷电相合而彰明。（六五）阴柔得中位而上行，虽然它所处的爻位并不当位，但是宜用于断刑狱。

2022 年 8 月 29 日　星期一

壬寅年 戊申月 乙卯日

八月初四

【原文】

《象》曰：雷电，噬嗑。先王以明罚敕法。

【译文】

《象》曰：电闪雷鸣，噬嗑卦之象。先王（效此）明刑罚正法律。

2022 年 8 月 30 日 星期二

壬寅年　戊申月　丙辰日

八月初五

【原文】

初九：屦校灭趾，无咎。

《象》曰：屦校灭趾，不行也。

【译文】

初九：刑具遮没了脚趾，无灾。

《象》曰：刑具加于足上遮没了脚趾，不能行走。

2022 年 8 月 31 日　星期三

壬寅年　戊申月　丁巳日

八月初六

【原文】

六二：噬肤灭鼻，无咎。

《象》曰：噬肤灭鼻，乘刚也。

【译文】

六二：吃肉掩没鼻子，无灾。

《象》曰：吃肉掩没鼻子，（六二阴柔）乘凌（初九）阳刚。

2022 年 9 月 1 日　星期四

壬寅年　戊申月　戊午日

八月初七

【原文】

六三：噬腊肉，遇毒，小吝，无咎。

《象》曰：遇毒，位不当也。

【译文】

六三：吃干肉中毒，小有不适，但无灾。

《象》曰：中毒，位不正当。

2022 年 9 月 2 日　星期五

壬寅年　戊申月　己未日

八月初八

【原文】

九四：噬干胏，得金矢，利艰贞吉。

《象》曰：利艰贞吉，未光也。

【译文】

九四：吃带骨肉干，遇到铜箭头。宜于艰难中守正则吉利。

《象》曰：利于艰难中守正则有吉，（阳刚）未有广大。

2022 年 9 月 3 日　星期六

壬寅年　戊申月　庚申日

八月初九

【原文】

六五：噬干肉，得黄金，贞厉，无咎。

《象》曰：贞厉无咎，得当也。

【译文】

六五：吃肉干得到黄铜，占之有危厉，无灾。

《象》曰：守正危厉而无咎，适中而得当。

2022 年 9 月 4 日　星期日

壬寅年　戊申月　辛酉日

八月初十

【原文】

上九：何校灭耳，凶。

《象》曰：何校灭耳，聪不明也。

【译文】

上九：荷带遮灭耳朵的木枷，凶。

《象》曰：木枷遮没了耳朵，耳朵听不清楚。

2022 年 9 月 5 日　星期一

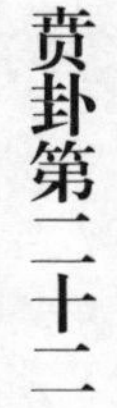

壬寅年　戊申月　壬戌日

八月十一

贲　离下艮上

【原文】

贲：亨，小利有攸往。

【译文】

贲：亨通，有小利，可以前往。

2022 年 9 月 6 日　星期二

壬寅年 己酉月 癸亥日

八月十二 白露

【原文】

《彖》曰：贲，亨，柔来而文刚，故亨。分刚上而文柔，故小利有攸往。刚柔交错，天文也；文明以止，人文也。观乎天文，以察时变；观乎人文，以化成天下。

【译文】

《彖》曰：贲，亨通，阴柔（六二爻）来与下刚相杂，所以亨通。分（内卦一）阳刚上来与阴柔相杂，故有小利而可以前往。（日月）刚柔相互交错，为天文；得文明而知止（于礼义），这是人文。观看了天文，可以察知时节的变化；观于人文，可以教育化成天下。

2022年9月7日 星期三

壬寅年　己酉月　甲子日

八月十三

【原文】

《象》曰：山下有火，贲。君子以明庶政，无敢折狱。

【译文】

《象》曰：山下有火照，贲卦之象。君子（效此）当明察众政，不敢轻易地判断讼狱。

2022 年 9 月 8 日　星期四

壬寅年　己酉月　乙丑日

八月十四

【原文】

初九：贲其趾，舍车而徒。

《象》曰：舍车而徒，义弗乘也。

【译文】

初九：饰其脚趾，弃车徒步而行。

《象》曰：舍弃车而徒步走，其义为不乘车。

2022年9月9日　星期五

壬寅年　己酉月　丙寅日

八月十五

【原文】

六二：贲其须。

《象》曰：贲其须，与上兴也。

【译文】

六二：饰其面毛胡须。

《象》曰：修饰面毛胡须，（阴柔）从上而兴起。

2022 年 9 月 10 日　星期六

壬寅年　己酉月　丁卯日

八月十六

【原文】

九三：贲如，濡如，永贞吉。

《象》曰：永贞之吉，终莫之陵也。

【译文】

九三：装饰，润色，长久守正则可得吉。

《象》曰：永远守正有吉，最终莫能遭受凌侮。

2022 年 9 月 11 日　星期日

壬寅年　己酉月　戊辰日

八月十七

【原文】

六四：贲如皤如，白马翰如，匪寇婚媾。

《象》曰：六四，当位疑也。匪寇婚媾，终无尤也。

【译文】

六四：修饰如此素白，白马奔驰如飞，（他们）不是强盗，是来求婚的。

《象》曰：六四，虽居正当位而可疑。不是强盗而是求婚的，终无怨尤。

2022年9月12日　星期一

壬寅年 己酉月 己巳日

八月十八

【原文】

六五：贲于丘园，束帛戋戋，吝，终吉。

《象》曰：六五之吉，有喜也。

【译文】

六五：修饰家园，虽然只有残残束帛，显得吝啬，但最终得吉。

《象》曰：六五爻有喜庆，乃有喜事。

2022 年 9 月 13 日　星期二

壬寅年　己酉月　庚午日

八月十九

【原文】

上九：白贲，无咎。

《象》曰：白贲无咎，上得志也。

【译文】

上九：用白色装饰，无灾。

《象》曰：用白色修饰无咎，在上位而得志。

剥卦第二十三

壬寅年　己酉月　辛未日

八月二十

剥　坤下艮上

【原文】

剥：不利有攸往。

【译文】

剥：不宜有所往。

2022 年 9 月 15 日　星期四

壬寅年　己酉月　壬申日

八月廿一

【原文】

《象》曰：剥，剥也，柔变刚也。不利有攸往，小人长也。顺而止之，观象也。君子尚消息盈虚，天行也。

【译文】

《象》曰：剥，剥落。阴柔剥而变阳刚。不宜有所往，小人正盛长。顺从（天道）而知止，这是观察了天象。君子崇尚阴阳的消息盈虚之理，这是顺天而行。

2022 年 9 月 16 日　星期五

壬寅年　己酉月　癸酉日

八月廿二

【原文】

《象》曰：山附于地，剥。上以厚下，安宅。

【译文】

《象》曰：山附着于地，剥卦之象。上位（君子）当以厚施于下位（庶民），而使其安其居。

2022 年 9 月 17 日　星期六

壬寅年　己酉月　甲戌日

八月廿三

【原文】

初六：剥床以足，蔑贞，凶。

《象》曰：剥床以足，以灭下也。

【译文】

初六：剥蚀床先及床脚，灭正道，凶。

《象》曰：剥灭床先及其足，指灭其下。

2022 年 9 月 18 日　星期日

壬寅年　己酉月　乙亥日

八月廿四

【原文】

六二：剥床以辨，蔑贞，凶。

《象》曰：剥床以辨，未有与也。

【译文】

六二：剥蚀床干，灭正道，凶。

《象》曰：剥灭床干，无（阳）与之比应。

2022 年 9 月 19 日　星期一

壬寅年　己酉月　丙子日

八月廿五

【原文】

六三：剥之，无咎。

《象》曰：剥之无咎，失上下也。

【译文】

六三：剥蚀而无灾。

《象》曰：剥床无咎，失去上下。

2022 年 9 月 20 日　星期二

壬寅年　己酉月　丁丑日

八月廿六

【原文】

六四：剥床以肤，凶。

《象》曰：剥床以肤，切近灾也。

【译文】

六四：剥蚀床危及肌肤，凶。

《象》曰：剥床已近皮肤，切近灾祸。

2022 年 9 月 21 日　星期三

壬寅年　己酉月　戊寅日

八月廿七

【原文】

六五：贯鱼以宫人宠，无不利。

《象》曰：以宫人宠，终无尤也。

【译文】

六五：受宠宫人如贯鱼，无所不利。

《象》曰：以宫人而得宠，终无尤过。

2022 年 9 月 22 日　星期四

壬寅年　己酉月　己卯日

八月廿八　秋分

【原文】

上九：硕果不食，君子得舆，小人剥庐。

《象》曰：君子得舆，民所载也。小人剥庐，终不可用也。

【译文】

上九：有硕大之果而不食，君子可得到车舆，小人则剥去屋舍。

《象》曰：君子得车舆，众民有所载。小人剥夺房舍，终不可用。

2022 年 9 月 23 日　星期五

复卦第二十四

壬寅年　己酉月　庚辰日

八月廿九

复　震下坤上

【原文】

复：亨，出入无疾，朋来无咎。反复其道，七日来复，利有攸往。

【译文】

复：亨通，出入无疾病，朋友来无灾咎。返还其道，需（经）七日往者复来，（故）利有所往。

2022 年 9 月 24 日　星期六

壬寅年　己酉月　辛巳日

八月三十

【原文】

《象》曰：复，亨，刚反，动而以顺行。是以出入无疾，朋来无咎。反复其道，七日来复，天行也。利有攸往，刚长也。复，其见天地之心乎！

【译文】

《象》曰：复，亨通，阳刚复返（于初），动则顺时而行。所以出入没有疾病，朋友来而无咎害。往来反复其道，经七日而来归于初，这是天道的运行。利有攸往，（是因）阳刚盛长。从复卦中，大概可以显现天地运行的规律吧！

2022 年 9 月 25 日　星期日

壬寅年　己酉月　壬午日

九月初一

【原文】

《象》曰：雷在地中，复。先王以至日闭关，商旅不行，后不省方。

【译文】

《象》曰：雷动在地中，复卦之象。先王（效此）在至日闭塞关口，商人旅客不得行走于途，君王不省视四方之事。

2022 年 9 月 26 日　星期一

壬寅年 己酉月 癸未日

九月初二

【原文】

初九：不远复，无祇悔，元吉。

《象》曰：不远之复，以修身也。

【译文】

初九：行不远就返回，没有造成大的悔恨。（故）开始即吉利。

《象》曰：不远就复返，可以修正其身。

2022 年 9 月 27 日 星期二

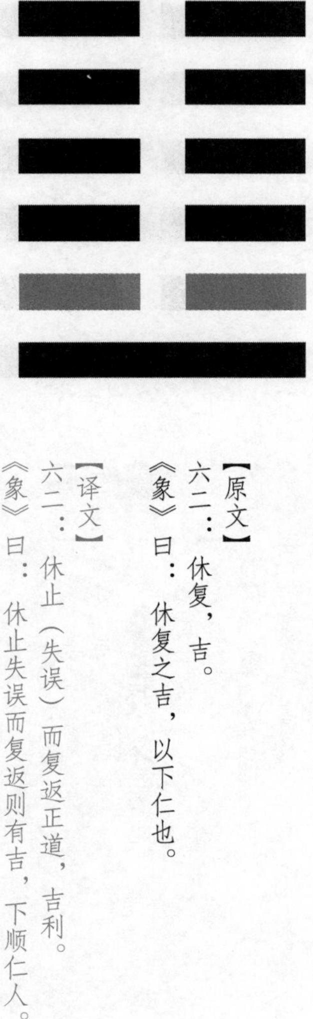

壬寅年　己酉月　甲申日

九月初三

【原文】

六二：休复，吉。

《象》曰：休复之吉，以下仁也。

【译文】

六二：休止（失误）而复返正道，吉利。

《象》曰：休止失误而复返则有吉，下顺仁人。

2022 年 9 月 28 日　星期三

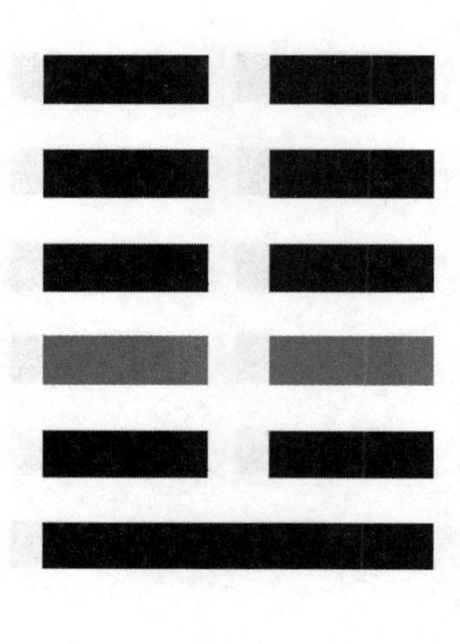

壬寅年　己酉月　乙酉日

九月初四

【原文】

六三：频复，厉，无咎。

《象》曰：频复之厉，义无咎也。

【译文】

六三：频繁地复返，有危厉，无咎。

《象》曰：频繁复返有危厉，其义为无咎。

2022 年 9 月 29 日　星期四

壬寅年　己酉月　丙戌日

九月初五

【原文】

六四：中行独复。

《象》曰：中行独复，以从道也。

【译文】

六四：由道路正中独自返回。

《象》曰：于道路正中而行独自复归，可以顺从其道。

2022 年 9 月 30 日　星期五

壬寅年　己酉月　丁亥日

九月初六

【原文】

六五：敦复，无悔。

《象》曰：敦复无悔，中以自考也。

【译文】

六五：敦促而复返，无悔恨。

《象》曰：敦促复返而无悔，居中处尊，自我成就善道。

2022 年 10 月 1 日　星期六

壬寅年　己酉月　戊子日

九月初七

【原文】

上六：迷复，凶，有灾眚。用行师，终有大败，以其国君凶，至于十年不克征。

《象》曰：迷复之凶，反君道也。

【译文】

上六：入迷途而求复返，凶，有灾害。用以行师作战，最终将有大败，危及国君凶，以至于十年不能出兵征战。

《象》曰：迷途而复返有凶，乃复返君道。

2022年10月2日　星期日

无妄卦第二十五

壬寅年　己酉月　己丑日

九月初八

无妄　震下乾上

【原文】

无妄：元亨，利贞。其匪正有眚，不利有攸往。

【译文】

无妄：始即亨通宜于守正。不守正道则有灾异，不宜有所往。

2022 年 10 月 3 日　星期一

壬寅年　己酉月　庚寅日

九月初九

【原文】

《象》曰：无妄，刚自外来而为主于内，动而健，刚中而应。大亨以正，天之命也。其匪正有眚，不利有攸往，无妄之往何之矣？天命不祐，行矣哉！

【译文】

《象》曰：无妄，阳刚（初九）自外卦来而主（于内卦），动而刚健，（九五）阳刚居中而应（六二），有大的亨通。因行正道，这是天命啊！其不正则有灾，不利有所往。没有希望的行动，何所去？天命不保佑，岂敢行动！

2022年10月4日　星期二

壬寅年 己酉月 辛卯日

九月初十

【原文】

《象》曰：天下雷行，物与，无妄。先王以茂对时，育万物。

【译文】

《象》曰：天下雷声振动，万物相应而类生，无妄之象。先王（效此）勤奋顺合天时，养育万物。

2022 年 10 月 5 日 星期三

壬寅年 己酉月 壬辰日

九月十一

【原文】

初九：无妄，往吉。

《象》曰：无妄之往，得志也。

【译文】

初九：无所冀望而往，则吉。

《象》曰：不抱希望而前往，则得志。

2022年10月6日 星期四

䷘

壬寅年　己酉月　癸巳日
九月十二

【原文】
六二：不耕获，不菑畬，则利有攸往。
《象》曰：不耕获，未富也。

【译文】
六二：不耕耘而有收获，不开荒而有熟田耕种，则利有所往。
《象》曰：不耕种而收获，未能富有。

2022年10月7日　星期五

壬寅年　庚戌月　甲午日

九月十三　寒露

【原文】

六三：无妄之灾，或系之牛，行人之得，邑人之灾。

《象》曰：行人得牛，邑人灾也。

【译文】

六三：意想不到的灾，有人系牛于此，行人顺手偷得，邑人因此而有失牛之灾。

《象》曰：行人得牛，邑人（有失牛）之灾。

2022 年 10 月 8 日　星期六

壬寅年　庚戌月　乙未日

九月十四

【原文】

九四：可贞，无咎。

《象》曰：可贞无咎，固有之也。

【译文】

九四：（事情）可占问而无灾。

《象》曰：可守正而无咎灾，是本来就有的。

2022 年 10 月 9 日　星期日

壬寅年　庚戌月　丙申日

九月十五

【原文】

九五：无妄之疾，勿药有喜。

《象》曰：无妄之药，不可试也。

【译文】

九五：意想不到的病，不必用药而愈。

《象》曰：治无所希望病的药，不可轻易试用。

2022 年 10 月 10 日　星期一

壬寅年　庚戌月　丁酉日

九月十六

【原文】

上九：无妄行有眚，无攸利。

《象》曰：无妄之行，穷之灾也。

【译文】

上六：无所冀望而行则有灾眚，没有什么利。

《象》曰：不抱希望而有所行，穷极而有灾难。

2022 年 10 月 11 日　星期二

大畜卦第二十六

壬寅年　庚戌月　戊戌日

九月十七

大畜　乾下艮上

【原文】

大畜：利贞。不家食，吉。利涉大川。

【译文】

大畜：利于守正，不求食于家，利于涉越大河。

2022 年 10 月 12 日　星期三

壬寅年　庚戌月　己亥日

九月十八

【原文】

《彖》曰：大畜，刚健笃实，辉光日新。其德刚上而尚贤，能止健，大正也。不家食吉，养贤也。利涉大川，应乎天也。

【译文】

《彖》曰：大畜，得刚健笃实，光辉日日增新，其德阳刚在上而尊尚贤人，能止刚健（而畜养之），这就是大的正道。不食于家吉，尊养贤士。宜于涉越大河，顺应天道。

2022 年 10 月 13 日　星期四

壬寅年 庚戌月 庚子日

九月十九

【原文】

《象》曰：天在山中，大畜。君子以多识前言往行，以畜其德。

【译文】

《象》曰：天在山中，大畜卦之象。君子（效此）当广泛学习前人言行，以畜养自己品德。

2022 年 10 月 14 日　星期五

壬寅年　庚戌月　辛丑日

九月二十

【原文】

初九：有厉，利已。

《象》曰：有厉利已，不犯灾也。

【译文】

初九：有危厉，宜于停止。

《象》曰：有危厉宜停止，（初九）不冒犯灾难。

2022 年 10 月 15 日　星期六

壬寅年　庚戌月　壬寅日

九月廿一

【原文】

九二：舆说輹。

《象》曰：舆说輹，中无尤也。

【译文】

九二：车身与车轴分离。

《象》曰：车子与车轴分离，有中德无过尤。

2022 年 10 月 16 日　星期日

壬寅年　庚戌月　癸卯日

九月廿二

【原文】

九三：良马逐，利艰贞，曰闲舆卫，利有攸往。

《象》曰：利有攸往，上合志也。

【译文】

九三：良马驰逐，宜艰难中守正。每日练习用车马防卫，宜有所往。

《象》曰：利于有所往，（九三）与上六志向相投合。

2022 年 10 月 17 日　星期一

壬寅年　庚戌月　甲辰日

九月廿三

【原文】

六四：童牛之牿，元吉。

《象》曰：六四元吉，有喜也。

【译文】

六四：施牿于童牛角上（以防抵人），始而得吉。

《象》曰：六四开始即吉，而有喜事。

2022 年 10 月 18 日　星期二

壬寅年　庚戌月　乙巳日

九月廿四

【原文】

六五：豮豕之牙，吉。

《象》曰：六五之吉，有庆也。

【译文】

六五：以木桩将猪仔拴住（防止跑掉），有吉。

《象》曰：六五有吉，有福庆。

2022 年 10 月 19 日　星期三

壬寅年　庚戌月　丙午日

九月廿五

【原文】

上九：何天之衢，亨。

《象》曰：何天之衢，道大行也。

【译文】

上九：肩负天之大道，亨通顺利。

《象》曰：肩负天之大道，（阳）道大为通行。

2022 年 10 月 20 日　星期四

颐卦第二十七

壬寅年　庚戌月　丁未日

九月廿六

颐　震下艮上

【原文】

颐：贞吉。观颐，自求口实。

【译文】

颐：占之则吉，观看两腮（的长相），便知（此人）自己能谋求口中之食。

2022 年 10 月 21 日　星期五

壬寅年　庚戌月　戊申日

九月廿七

【原文】

《彖》曰：颐，贞吉，养正则吉也。观颐，观其所养也。自求口实，观其自养也。天地养万物，圣人养贤以及万民。颐之时大矣哉。

【译文】

《彖》曰：颐，守正道则吉，养正则有吉祥。观颐，观察其所养。自己获取口中之食，是观察自己的谋生之路。天地养育万物，圣人养育贤人以及万民百姓。颐时（包含的意义），太大啦！

2022 年 10 月 22 日　星期六

壬寅年　庚戌月　己酉日

九月廿八　霜降

【原文】

《象》曰：山下有雷，颐。君子以慎言语，节饮食。

【译文】

《象》曰：山下有雷动，颐卦之象。君子（效此）当谨慎言语，节制饮食。

2022 年 10 月 23 日　星期日

壬寅年　庚戌月　庚戌日

九月廿九

【原文】

初九：舍尔灵龟，观我朵颐，凶。

《象》曰：观我朵颐，亦不足贵也。

【译文】

初九：舍弃你灵龟（的卜兆仅凭）观看我隆起的两腮，则有凶。

《象》曰：观我隆起的两腮，不足为尊贵之人。

2022 年 10 月 24 日　星期一

壬寅年　庚戌月　辛亥日

十月初一

【原文】

六二：颠颐，拂经，于丘颐，征凶。

《象》曰：六二征凶，行失类也。

【译文】

六二：两腮不停摇动，（又）拂击其胫与背，此腮（之相）出征则凶。

《象》曰：六二出征则有凶，前往必失去同类。

2022 年 10 月 25 日　星期二

壬寅年　庚戌月　壬子日

十月初二

【原文】

六三：拂颐，贞凶，十年勿用，无攸利。

《象》曰：十年勿用，道大悖也。

【译文】

六三：拂击腮，占之则凶，十年之久无所用。没有什么利。

《象》曰：十年不可以用，与正道大相违背。

2022 年 10 月 26 日　星期三

壬寅年　庚戌月　癸丑日

十月初三

【原文】

六四：颠颐，吉。虎视眈眈，其欲逐逐，无咎。

《象》曰：颠颐之吉，上施光也。

【译文】

六四：摆动两腮，吉。（两眼）虎视威猛有神，面容长得敦实厚道，无咎害。

《象》曰：颤晃两腮有吉，在上而德施光大。

2022 年 10 月 27 日　星期四

壬寅年 庚戌月 甲寅日

十月初四

【原文】

六五：拂经，居贞，吉。不可涉大川。

《象》曰：居贞之吉，顺以从上也。

【译文】

六五：击胫，居而守正，则吉，不可涉越大河。

《象》曰：居而守正则吉，（六五）柔顺可以服从上九（之阳）。

2022 年 10 月 28 日 星期五

壬寅年　庚戌月　乙卯日

十月初五

【原文】

上九：由颐，厉吉，利涉大川。

《象》曰：由颐厉吉，大有庆也。

【译文】

上九：由其腮看，虽有危厉，（但）有吉，利涉越大河。

《象》曰：由两腮看有危厉却终有吉，（但可以预防）而大有吉庆。

2022 年 10 月 29 日　星期六

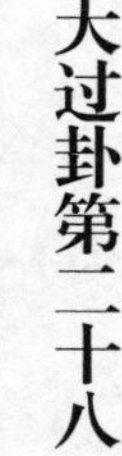

大过卦第二十八

壬寅年　庚戌月　丙辰日

十月初六

大过　巽下兑上

【原文】

大过：栋桡，利有攸往，亨。

【译文】

大过：房屋栋梁（因负重而）弯曲，宜于有所往，亨通。

2022 年 10 月 30 日　星期日

壬寅年　庚戌月　丁巳日

十月初七

【原文】

《彖》曰：大过，大者过也。栋桡，本末弱也。刚过而中，巽而说，行。利有攸往，乃亨。大过之时大矣哉。

【译文】

《彖》曰：大过，大（阳）盛过于（阴）。栋梁弯曲，（说明了）本与末皆柔弱。阳刚过盛而处中，逊顺喜悦而行动。利于有所往，所以亨通。大过卦之象时，（其义）太大啦！

2022 年 10 月 31 日　星期一

壬寅年 庚戌月 戊午日

十月初八

【原文】

《象》曰：泽灭木，大过。君子以独立不惧，遁世无闷。

【译文】

《象》曰：泽水灭没树木，大过卦之象。君子（效此）当以独立而不畏惧，隐退于世而无忧闷。

2022 年 11 月 1 日　星期二

壬寅年　庚戌月　己未日

十月初九

【原文】

初六：藉用白茅，无咎。

《象》曰：藉用白茅，柔在下也。

【译文】

初六：用白色的茅草铺地（陈设祭品以示敬），无灾害。

《象》曰：用白茅草铺地陈设祭品，（初六）阴柔处卦下。

2022 年 11 月 2 日　星期三

壬寅年　庚戌月　庚申日

十月初十

【原文】

九二：枯杨生稊，老夫得其女妻，无不利。

《象》曰：老夫女妻，过以相与也。

【译文】

九二：枯萎的杨树发新芽，老夫又得小娇妻，（这）没有什么不利。

《象》曰：老夫（得）娇妻，（九二阳刚）过而与（初六）相亲。

2022年11月3日　星期四

壬寅年　庚戌月　辛酉日

十月十一

【原文】

九三：栋桡，凶。

《象》曰：栋桡之凶，不可以有辅也。

【译文】

九三：栋梁被压弯曲，凶。

《象》曰：栋梁压弯之凶，不可以有（上阴）辅助。

2022年11月4日　星期五

壬寅年 庚戌月 壬戌日

十月十二

【原文】

九四：栋隆，吉。有它吝。

《象》曰：栋隆之吉，不桡乎下也。

【译文】

九四：栋梁隆起，则吉利；但将有意外悔吝。

《象》曰：栋梁隆起之吉利，不弯于下。

2022 年 11 月 5 日 星期六

壬寅年 庚戌月 癸亥日

十月十三

【原文】

九五：枯杨生华，老妇得其士夫，无咎，无誉。

《象》曰：枯杨生华，何可久也。老妇士夫，亦可丑也。

【译文】

九五：枯萎杨树重开花，老妇又得小丈夫，无害，亦无誉。

《象》曰：枯萎杨树开了花，怎么能长久？老妇（得到）小丈夫，也不光彩。

2022 年 11 月 6 日 星期日

壬寅年　辛亥月　甲子日

十月十四　立冬

【原文】

上六：过涉灭顶，凶，无咎。

《象》曰：过涉之凶，不可咎也。

【译文】

上六：（盲目）涉水过河，（以致水）没头顶有凶。但（因遇救）而无灾害。

《象》曰：渡河而带来凶险，不可以咎责。

2022 年 11 月 7 日　星期一

坎卦第二十九

壬寅年　辛亥月　乙丑日

十月十五

坎　坎下坎上

【原文】

习坎：有孚维心，亨，行有尚。

【译文】

重重坎险，（然而）有诚系于心，亨通，行必有赏。

2022 年 11 月 8 日　星期二

壬寅年　辛亥月　丙寅日

十月十六

【原文】

《象》曰：习坎，重险也。水流而不盈，行险而不失其信。维心亨，乃以刚中也。行有尚，往有功也。天险，不可升也；地险，山川丘陵也。王公设险，以守其国。险之时用大矣哉！

【译文】

《象》曰：习坎，有双重危险。水流动而不盈溢，历尽危险而不失其诚信，维系于心，亨通，这是因有刚中之德。行动有奖赏，前往必有功效。天险，不可登越；地险，指山川丘陵。王公（观象）设置险阻，来守卫自己的邦国。坎险时的功用太大啦！

2022年11月9日　星期三

壬寅年　辛亥月　丁卯日

十月十七

【原文】

《象》曰：水洊至，习坎。君子以常德行，习教事。

【译文】

《象》曰：水流再至而通，习坎卦之象。君子（效此）当以常守道德品行，传习政教之事。

2022年11月10日　星期四

壬寅年　辛亥月　戊辰日

十月十八

【原文】

初六：习坎，入于坎窞，凶。

《象》曰：习坎入坎，失道凶也。

【译文】

初六：重重坎险，入坎险穴中，凶。

《象》曰：重涉坎险而入于坎中，失正道而有凶。

2022 年 11 月 11 日　星期五

壬寅年　辛亥月　己巳日

十月十九

【原文】

九二：坎有险，求小得。

《象》曰：求小得，未出中也。

【译文】

九二：坎中有险（故）其求仅有小得。

《象》曰：谋求仅有小得，未出险中。

2022年11月12日　星期六

壬寅年　辛亥月　庚午日

十月二十

【原文】

六三：来之坎，坎险且枕。入于坎窞。勿用。

《象》曰：来之坎坎，终无功也。

【译文】

六三：来去皆坎，坎险且深，入坎险穴中。（此爻占者）不可用。

《象》曰：来往皆坎险，最终只能徒劳无功。

2022 年 11 月 13 日　星期日

壬寅年　辛亥月　辛未日

十月廿一

【原文】

六四：樽酒簋，贰用缶，纳约自牖，终无咎。

《象》曰：樽酒簋贰，刚柔际也。

【译文】

六四：（祭时）樽中酒并簋（中黍稷）又副之以缶，自窗口纳勺（酌酒），终无灾。

《象》曰：（行祭时）一樽酒副之一簋之食，乃（六四）柔与（九五）刚交接。

2022 年 11 月 14 日　星期一

壬寅年　辛亥月　壬申日

十月廿二

【原文】

九五：坎不盈，祇既平，无咎。

《象》曰：坎不盈，中未大也。

【译文】

九五：坎陷未满盈，（需）安定则险自平，无咎灾。

《象》曰：坎水未满盈，处险难之中未能光大而出险。

2022 年 11 月 15 日　星期二

壬寅年　辛亥月　癸酉日

十月廿三

【原文】

上六：系用徽纆，寘于丛棘，三岁不得，凶。

《象》曰：上六失道，凶三岁也。

【译文】

上六：用黑色绳索捆绑（罪人），置于监狱，（此人）被囚三年。有凶。

《象》曰：上六失去济险之道，有三年凶险。

2022 年 11 月 16 日　星期三

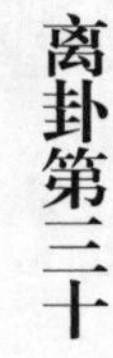

离卦第三十

壬寅年　辛亥月　甲戌日

十月廿四

离　离下离上

【原文】

离：利贞，亨。畜牝牛，吉。

【译文】

离：利于守正，亨通。畜养母牛，吉。

2022 年 11 月 17 日　星期四

壬寅年　辛亥月　乙亥日

十月廿五

【原文】

《彖》曰：离，丽也。日月丽乎天，百谷草木丽乎土。重明以丽乎正，乃化成天下。柔丽乎中正，故亨。是以畜牝牛吉也。

【译文】

《彖》曰：离，为附著。日月依附于天（而光明），百谷草木依附于地（而生长）。（日月）重明而依附于正道，才化育生成天下（万物）。阴柔依附于中正（之道），所以亨通。因而畜养母牛，吉祥。

2022 年 11 月 18 日　星期五

壬寅年　辛亥月　丙子日

十月廿六

【原文】

《象》曰：明两作，离。大人以继明照于四方。

【译文】

《象》曰：光明重重相续兴起普照，离卦之象。大人（效此）当以连绵不绝的光明照临天下四方。

2022 年 11 月 19 日　星期六

壬寅年　辛亥月　丁丑日

十月廿七

【原文】

初九：履错然敬之，无咎。

《象》曰：履错之敬，以辟咎也。

【译文】

初九：行礼开始即应崇敬，无灾咎。

《象》曰：礼始之敬，以避灾咎。

2022 年 11 月 20 日　星期日

壬寅年　辛亥月　戊寅日

十月廿八

【原文】

六二：黄离，元吉。

《象》曰：黄离元吉，得中道也。

【译文】

六二：黄色罗网（捕捉禽兽），开始即吉。

《象》曰：以黄色网狩猎，开始即吉，能得中道。

2022 年 11 月 21 日　星期一

壬寅年　辛亥月　己卯日

十月廿九　小雪

【原文】

九三：日昃之离，不鼓缶而歌，则大耋之嗟，凶。

《象》曰：日昃之离，何可久也。

【译文】

九三：日斜张网（捉禽兽），不敲缶而唱歌，则老人发出叹息，凶。

《象》曰：日倾斜时去张网，岂能长久！

2022 年 11 月 22 日　星期二

壬寅年　辛亥月　庚辰日

十月三十

【原文】

九四：突如其来如，焚如，死如，弃如。

《象》曰：突如其来如，无所容也。

【译文】

九四：被逐的不孝之子返回，（人们将他）焚烧、治死、抛弃。

《象》曰：不孝之子返回家，无所容身。

2022 年 11 月 23 日　星期三

壬寅年　辛亥月　辛巳日

冬月初一

【原文】

六五：出涕沱若，戚嗟若，吉。

《象》曰：六五之吉，离王公也。

【译文】

六五：泪如雨下，忧戚叹息，吉。

《象》曰：六五之爻有吉庆，依附王公而得助。

2022 年 11 月 24 日　星期四

壬寅年 辛亥月 壬午日

冬月初二

【原文】

上九：王用出征，有嘉折首，获匪其丑，无咎。

《象》曰：王用出征，以正邦也。获匪其丑，大有功也。

【译文】

上九：君王用兵出征，有令嘉奖折服首恶者。执获的（俘虏）不是一般随从者，（故而）无咎。

《象》曰：大王宜出征，以正治邦国，擒获的不是一般随从者，立了大功。

2022 年 11 月 25 日 星期五

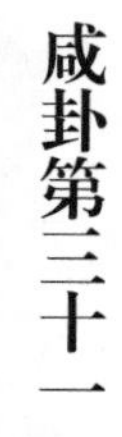

咸卦第三十一

壬寅年　辛亥月　癸未日

冬月初三

咸　艮下兑上

【原文】

咸：亨，利贞。取女，吉。

【译文】

咸：亨通顺利，宜于守正。娶女，吉。

2022 年 11 月 26 日　星期六

壬寅年　辛亥月　甲申日

冬月初四

【原文】

《彖》曰：咸，感也。柔上而刚下，二气感应以相与。止而说，男下女，是以亨，利贞，取女吉也。天地感，而万物化生；圣人感人心，而天下和平。观其所感，而天地万物之情可见矣。

【译文】

《彖》曰：咸，感应。阴柔处上而阳刚处下，（阴阳）二气感应以相亲，止而喜悦，男处女下，所以亨通，宜于守正，娶女吉祥。天地互相交感，万物变化生成，圣人感化人心，于是天下和平。观察所感应的方面，天地万物之情皆可以显见啊！

2022 年 11 月 27 日　星期日

壬寅年　辛亥月　乙酉日

冬月初五

【原文】

《象》曰：山上有泽，咸。君子以虚受人。

【译文】

《象》曰：山上有泽水，咸卦之象。君子（效此）当以谦虚之心受纳于人。

2022 年 11 月 28 日　星期一

壬寅年　辛亥月　丙戌日

冬月初六

【原文】

初六：咸其拇。

《象》曰：咸其拇，志在外也。

【译文】

初六：脚大指感应而动。

《象》曰：脚趾感应，其志向在外（九四）。

2022 年 11 月 29 日　星期二

壬寅年　辛亥月　丁亥日

冬月初七

【原文】

六二：咸其腓，凶。居吉。

《象》曰：虽凶居吉，顺不害也。

【译文】

六二：腿肚子感应而动，凶。居家不出，吉。

《象》曰：虽有凶险安其居则吉，谨慎不会有害。

2022年11月30日　星期三

壬寅年　辛亥月　戊子日

冬月初八

【原文】

九三：咸其股，执其随，往吝。

《象》曰：咸其股，亦不处也。志在随人，所执下也。

【译文】

九三：大腿感应而动，（身体）随之而动，前往则困难。

《象》曰：大腿感应，亦不能安静居处。志在于随从别人，（九三）所操执为下（六二之阴）。

2022 年 12 月 1 日　星期四

壬寅年　辛亥月　己丑日

冬月初九

【原文】

九四：贞吉，悔亡。憧憧往来，朋从尔思。

《象》曰：贞吉悔亡，未感害也。憧憧往来，未光大也。

【译文】

九四：占问吉，悔事消亡。来往心意不定，朋友们顺从你的想法。

《象》曰：守正吉、悔事消亡，（九四与初六）无感应之害。往来心意不定，未能广大。

2022年12月2日　星期五

壬寅年　辛亥月　庚寅日

冬月初十

【原文】

九五：咸其脢，无悔。

《象》曰：咸其脢，志末也。

【译文】

九五：脊背感应而动，无悔。

《象》曰：脊背感应，志向是与（上六）之末感应。

2022年12月3日　星期六

壬寅年　辛亥月　辛卯日

冬月十一

【原文】

上六：咸其辅颊舌。

《象》曰：咸其辅颊舌，滕口说也。

【译文】

上六：（说话时）因感而牙床、面颊、舌头齐动。

《象》曰：牙床、两颊及舌头皆受感动，乃众口说。

2022年12月4日　星期日

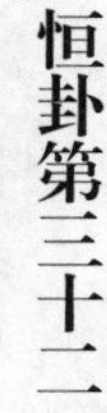

恒卦第三十二

壬寅年 辛亥月 壬辰日

冬月十二

恒 巽下震上

【原文】恒：亨，无咎，利贞，利有攸往。

【译文】恒：亨通，无咎，宜于守正，利有所往。

2022 年 12 月 5 日 星期一

壬寅年　辛亥月　癸巳日

冬月十三

【原文】

《彖》曰：恒，久也。刚上而柔下，雷风相与，巽而动，刚柔皆应，恒。恒，亨，无咎，利贞，久于其道也。天地之道恒久而不已也。利有攸往，终则有始也。日月得天而能久照，四时变化而能久成，圣人久于其道而天下化成。观其所恒，而天地万物之情可见矣。

【译文】

《彖》曰：恒，恒久。阳刚处上而阴柔处下，雷风相交与，巽顺而动，阳刚与阴柔皆相互应，故为恒。恒，亨通，无咎，利于守正。（因为）长久恒守其道啊！天地之道，恒久而不止。利于有所往，终结则必有新的开始。日月得天才能长久地照耀，四季交替变化才能长久地运行，圣人能长久地恒守其道，天下之（德风美俗）才能化育而成。观察其所恒守者，天地万物的情状就可以显现了！

2022年12月6日　星期二

壬寅年　壬子月　甲午日

冬月十四　大雪

【原文】

《象》曰：雷风，恒。君子以立不易方。

【译文】

《象》曰：雷风（长相交），恒卦之象。君子（效此）当以确立不变的道理。

2022年12月7日　星期三

壬寅年　壬子月　乙未日

冬月十五

【原文】

初六：浚恒，贞凶，无攸利。

《象》曰：浚恒之凶，始求深也。

【译文】

初六：恒久而求，占问则凶，没有什么利。

《象》曰：始求之凶，（在于）开始其求太深。

2022年12月8日　星期四

壬寅年　壬子月　丙申日

冬月十六

【原文】

九二：悔亡。

《象》曰：九二悔亡，能久中也。

【译文】

九二：无悔事。

《象》曰：九二悔事消亡，能久行中道。

2022 年 12 月 9 日　星期五

壬寅年　壬子月　丁酉日

冬月十七

【原文】

九三：不恒其德，或承之羞，贞吝。

《象》曰：不恒其德，无所容也。

【译文】

九三：不能恒守其德，因而蒙受羞辱，占问有吝。

《象》曰：不能恒守其德，无所容身。

2022 年 12 月 10 日　星期六

壬寅年　壬子月　戊戌日

冬月十八

【原文】

九四：田无禽。

《象》曰：久非其位，安得禽也。

【译文】

九四：田中无禽兽。

《象》曰：（九四）久居不当之位，怎么能猎取禽兽？

2022 年 12 月 11 日　星期日

壬寅年　壬子月　己亥日

冬月十九

【原文】

六五：恒其德，贞妇人吉，夫子凶。

《象》曰：妇人贞吉，从一而终也。夫子制义，从妇凶也。

【译文】

六五：恒守其德，占问妇人吉，（而）男人则凶。

《象》曰：妇人占问有吉，（妇）终身跟从一夫。若夫子处事适宜，一味盲从妇人则有凶险。

2022 年 12 月 12 日　星期一

壬寅年　壬子月　庚子日

冬月二十

【原文】

上六：振恒，凶。

《象》曰：振恒在上，大无功也。

【译文】

上六：恒久而求，凶。

《象》曰：恒久而求发生上位，会大无功效。

2022 年 12 月 13 日　星期二

遁卦第三十三

壬寅年　壬子月　辛丑日

冬月廿一

遁　艮下乾上

【原文】

遁：亨小，利贞。

【译文】

遁：少有亨通，宜于占问。

壬寅年　壬子月　壬寅日

冬月廿二

【原文】

《彖》曰：遁，亨，遁而亨也。刚当位而应，与时行也。小利贞，浸而长也。遁之时义大矣哉。

【译文】

《彖》曰：遁，亨通，隐退而有亨通。（九五）阳刚居正当位而应（六二阴柔），因时而运行。小而宜于守正，（阴柔）浸润而逐渐盛长。遁卦时的意义，太大啦！

2022 年 12 月 15 日　星期四

壬寅年　壬子月　癸卯日

冬月廿三

【原文】

《象》曰：天下有山，遁。君子以远小人，不恶而严。

【译文】

《象》曰：天下有山，遁卦之象。君子（效此）当以远避小人时，不予憎恶而有威严。

2022 年 12 月 16 日　星期五

壬寅年　壬子月　甲辰日

冬月廿四

【原文】

初六：遁尾，厉，勿用有攸往。

《象》曰：遁尾之厉，不往何灾也。

【译文】

初六：猪尾有被割之险，故不要有所往。

《象》曰：尾随而退有危厉，不前往能有何灾？

2022 年 12 月 17 日　星期六

壬寅年　壬子月　乙巳日

冬月廿五

【原文】

六二：执之用黄牛之革，莫之胜说。

《象》曰：执用黄牛，固志也。

【译文】

六二：用黄牛皮捆缚它，不能挣脱。

《象》曰：用黄牛（皮绳）捆缚，固守其志。

2022 年 12 月 18 日　星期日

壬寅年　壬子月　丙午日

冬月廿六

【原文】

九三：系遁，有疾厉；畜臣妾，吉。

《象》曰：系遁之厉，有疾惫也。畜臣妾吉，不可大事也。

【译文】

九三：捆绑小猪，而有疾病危险；畜养奴隶而吉利。

《象》曰：一味追求而不知及时退去而有危厉，有疾病而陷入困境。畜养臣妾有吉，不可以做大事。

2022 年 12 月 19 日　星期一

壬寅年　壬子月　丁未日

冬月廿七

【原文】

九四：好遯，君子吉，小人否。

《象》曰：君子好遯，小人否也。

【译文】

九四：小猪惹人喜爱，君子吉利，小人不吉利。

《象》曰：君子知好及时退去，小人不知道。

2022 年 12 月 20 日　星期二

壬寅年　壬子月　戊申日

冬月廿八

【原文】

九五：嘉遁，贞吉。

《象》曰：嘉遁贞吉，以正志也。

【译文】

九五：小猪受到赞美，占问则吉利。

《象》曰：在赞美中退去，占问有吉，以中正守志。

2022 年 12 月 21 日　星期三

壬寅年　壬子月　己酉日

冬月廿九　冬至

【原文】

上九：肥遁，无不利。

《象》曰：肥遁无不利，无所疑也。

【译文】

上九：小猪被养肥，（利于做祭品），没有什么不利的。

《象》曰：从容中退去，没有什么不利的，心中无所疑虑。

2022 年 12 月 22 日　星期四

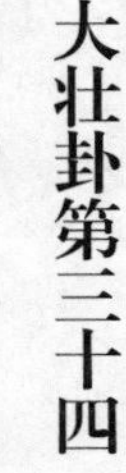

壬寅年　壬子月　庚戌日

腊月初一

大壮　乾下震上

【原文】

大壮：利贞。

【译文】

大壮：利于守正。

壬寅年　壬子月　辛亥日

腊月初二

【原文】

《彖》曰：大壮，大者壮也。刚以动，故壮。大壮，利贞，大者正也。正大，而天地之情可见矣。

【译文】

《彖》曰：大壮，（阳刚）大而壮。刚健而动，故称壮。大壮，宜于守正，（阳刚）之大为正。能正其大，天地之情便可以体现了！

2022 年 12 月 24 日　星期六

壬寅年　壬子月　壬子日

腊月初三

【原文】

《象》曰：雷在天上，大壮。君子以非礼弗履。

【译文】

《象》曰：雷在天上，大壮卦之象。君子（效此）不履行非礼之事。

2022 年 12 月 25 日　星期日

壬寅年　壬子月　癸丑日

腊月初四

【原文】

初九：壮于趾，征凶，有孚。

《象》曰：壮于趾，其孚穷也。

【译文】

初九：伤着脚趾，出征有凶，但有诚信。

《象》曰：伤了脚趾，其诚信困穷。

2022 年 12 月 26 日　星期一

壬寅年　壬子月　甲寅日

腊月初五

【原文】

九二：贞吉。

《象》曰：九二贞吉，以中也。

【译文】

九二：守正吉。

《象》曰：九二守正则吉，因用中道。

2022 年 12 月 27 日　星期二

壬寅年　壬子月　乙卯日

腊月初六

【原文】

九三：小人用壮，君子用罔，贞厉。羝羊触藩，羸其角。

《象》曰：小人用壮，君子罔也。

【译文】

九三：小人以盛壮骄人，君子用无为处世。占之危厉。公羊触藩篱，被绳索缠住了角。

《象》曰：小人用壮（骄人），君子用无（处世）。

2022 年 12 月 28 日　星期三

壬寅年　壬子月　丙辰日

腊月初七

【原文】

九四：贞吉，悔亡。藩决不羸，壮于大舆之輹。

《象》曰：藩决不羸，尚往也。

【译文】

九四：守正则吉，悔事消亡。藩篱（被公羊触）裂，不再受绳索捆缚，并触坏大车之辐。

《象》曰：藩篱（被公羊）触裂，绳索被解脱，往上而去。

2022 年 12 月 29 日　星期四

壬寅年　壬子月　丁巳日

腊月初八

【原文】

六五：丧羊于易，无悔。

《象》曰：丧羊于易，位不当也。

【译文】

六五：场中丧失羊，无悔。

《象》曰：丧失羊于场中，（六五）位不正当。

2022 年 12 月 30 日　星期五

壬寅年 壬子月 戊午日

腊月初九

【原文】

上六：羝羊触藩，不能退，不能遂，无攸利。艰则吉。

《象》曰：不能退，不能遂，不祥也。艰则吉，咎不长也。

【译文】

上六：公羊触藩篱（角被挂住）既不能退，也不能进，无所利，（预示经历）艰难才能得吉。

《象》曰：既不能退又不能进，此举不祥。艰难中守正吉，咎害不会长久。

2022 年 12 月 31 日　星期六

晋卦第三十五

壬寅年 壬子月 己未日

腊月初十

晋 坤下离上

【原文】

晋：康侯用锡马蕃庶，昼日三接。

【译文】

晋：康侯享用（王）赏赐的马很多，一日之内三次接见。

2023年1月1日 星期日

壬寅年　壬子月　庚申日

腊月十一

【原文】

《象》曰：晋，进也。明出地上，顺而丽乎大明，柔进而上行。是以康侯用锡马蕃庶，昼日三接也。

【译文】

《象》曰：晋，前进生长。光明出现地上，逊顺而依附太阳，阴柔进长而升上，所以康侯享用很多赏赐之马，一日内三次受到接见。

2023 年 1 月 2 日　星期一

壬寅年　壬子月　辛酉日

腊月十二

【原文】

《象》曰：明出地上，晋。君子以自昭明德。

【译文】

《象》曰：光明出现地上，晋卦之象。君子（效此）当以自我昭示光明之德。

2023 年 1 月 3 日　星期二

壬寅年　壬子月　壬戌日

腊月十三

【原文】

初六：晋如摧如，贞吉。罔孚，裕无咎。

《象》曰：晋如摧如，独行正也。裕无咎，未受命也。

【译文】

初六：前进受阻，守正吉。（此人）无诚信，宽容处之方能无咎。

《象》曰：前进受阻，当独行正道。宽裕处之无咎，未受到爵命。

2023年1月4日　星期三

壬寅年　癸丑月　癸亥日

腊月十四　小寒

【原文】

六二：晋如愁如，贞吉。受兹介福于其王母。

《象》曰：受兹介福，以中正也。

【译文】

六二：前进忧愁，守正吉。从祖母那里受此大福。

《象》曰：承此大福，用中正之道。

2023 年 1 月 5 日　星期四

壬寅年　癸丑月　甲子日

腊月十五

【原文】

六三：众允，悔亡。

《象》曰：众允之，志上行也。

【译文】

六三：众人信任，悔事消亡。

《象》曰：众人信任，其志上行（以应上九）。

2023 年 1 月 6 日　星期五

壬寅年　癸丑月　乙丑日

腊月十六

【原文】

九四：晋如鼫鼠，贞厉。

《象》曰：鼫鼠贞厉，位不当也。

【译文】

九四：进如大鼠，占问有危厉。

《象》曰：占问鼫鼠，有危厉，其位不正当。

2023 年 1 月 7 日　星期六

壬寅年　癸丑月　丙寅日

腊月十七

【原文】

六五：悔亡，失得勿恤，往吉，无不利。

《象》曰：失得勿恤，往有庆也。

【译文】

六五：悔事消亡，暂必有得，忽忧愁，前往则吉，无所不利。

《象》曰：失而复得不要忧虑，前往则有福庆。

2023 年 1 月 8 日　星期日

壬寅年　癸丑月　丁卯日

腊月十八

【原文】

上九：晋其角，维用伐邑，厉吉，无咎，贞吝。

《象》曰：维用伐邑，道未光也。

【译文】

上九：进其锐角，用来讨伐城邑，虽危厉而可得吉，无灾，占问将有羞吝。

《象》曰：只宜征伐邑国，其道未能光大。

2023 年 1 月 9 日　星期一

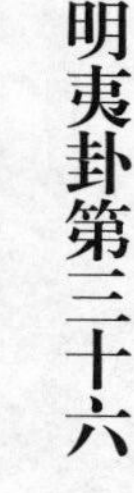

壬寅年　癸丑月　戊辰日

腊月十九

明夷　离下坤上

【原文】

明夷：利艰贞。

【译文】

明夷：宜于艰难中守正。

2023 年 1 月 10 日　星期二

壬寅年　癸丑月　己巳日

腊月二十

【原文】

《象》曰：明入地中，明夷。内文明而外柔顺，以蒙大难，文王以之。利艰贞，晦其明也。内难而能正其志，箕子以之。

【译文】

《象》曰：光明进入地中，是为明夷。内（卦有离卦的）文明而外（卦有坤卦的）柔顺，以此蒙受大难，只有文王能够做到。利于在艰难中守正，暗藏其明智，内有险难而能正其志向情操，只有箕子能够做到。

2023 年 1 月 11 日　星期三

壬寅年　癸丑月　庚午日

腊月廿一

【原文】

《象》曰：明入地中，明夷。君子以莅众，用晦而明。

【译文】

《象》曰：光明进入地中，明夷之象。君子（效此）当莅临群众，用藏晦而更光明。

2023 年 1 月 12 日　星期四

壬寅年　癸丑月　辛未日

腊月廿二

【原文】

初九：明夷于飞，垂其翼。君子于行，三日不食。有攸往，主人有言。

《象》曰：君子于行，义不食也。

【译文】

初九：明夷神鸟飞时垂下了左翼。君子路上行时，三日吃不到饭，（虽）有所往，但受到主人责备。

《象》曰：君子有所行，其辞义当不吃饭。

2023年1月13日　星期五

壬寅年 癸丑月 壬申日

腊月廿三

【原文】

六二：明夷，夷于左股，用拯马壮，吉。

《象》曰：六二之吉，顺以则也。

【译文】

六二：日蚀时伤了左腿，用强壮的马才能救之而有吉。

《象》曰：六二有吉祥，柔顺而又有法则。

2023 年 1 月 14 日 星期六

壬寅年　癸丑月　癸酉日

腊月廿四

【原文】

九三：明夷于南狩，得其大首，不可疾贞。

《象》曰：南狩之志，乃大得也。

【译文】

九三：日蚀时到南郊放火烧草狩猎，得到一匹踏雪马，不可急于训正（使用）。

《象》曰：南方烧草狩猎之志，在于大有所得。

2023年1月15日　星期日

壬寅年　癸丑月　甲戌日

腊月廿五

【原文】

六四：入于左腹，获明夷之心，于出门庭。

《象》曰：入于左腹，获心意也。

【译文】

六四：在左腹获明夷（神鸟）之心。并送出门庭。

《象》曰：进入左腹，而获其心愿。

2023 年 1 月 16 日　星期一

壬寅年　癸丑月　乙亥日

腊月廿六

【原文】

六五：箕子之明夷，利贞。

《象》曰：箕子之贞，明不可息也。

【译文】

六五：箕子在发生日蚀时，宜于守正。

《象》曰：箕子的守正，（说明）光明（之德）不可熄灭。

2023年1月17日　星期二

壬寅年　癸丑月　丙子日

腊月廿七

【原文】

上六：不明晦，初登于天，后入于地。

《象》曰：初登于天，照四国也。后入于地，失则也。

【译文】

上六：（日蚀时）天空晦暗不明，开始日升于天，后入于地中。

《象》曰：初之光明升天，以照四方众国。后没入地中，失则而无光。

2023 年 1 月 18 日　星期三

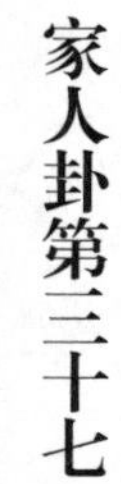

家人卦第三十七

壬寅年　癸丑月　丁丑日

腊月廿八

家人　离下巽上

【原文】

家人：利女贞。

【译文】

家人：宜于女人守正。

2023 年 1 月 19 日　星期四

壬寅年　癸丑月　戊寅日

腊月廿九　大寒

【原文】

《彖》曰：家人，女正位乎内，男正位乎外。男女正，天地之大义也。家人有严君焉，父母之谓也。父父，子子，兄兄，弟弟，夫夫，妇妇，而家道正。正家而天下定矣。

【译文】

《彖》曰：家人，女人正位在内，男人正位于外，男女各正其位，这是天地的大义！家中有尊严的君主，就是父母。做父亲的尽父道，做儿子的尽孝道，做兄长的像兄长，做弟弟的像弟弟，做丈夫的尽到丈夫职责，做妻子的尽妇道（各守其道），因而家道得正。家道正则天下安定。

2023 年 1 月 20 日　星期五

壬寅年　癸丑月　己卯日

腊月三十

【原文】

《象》曰：风自火出，家人。君子以言有物，而行有恒。

【译文】

《象》曰：风从火出，家人卦之象。君子（效此）说话有事实根据，而行动则恒守其德。

2023 年 1 月 21 日　星期六

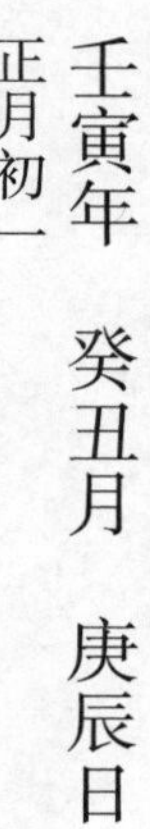

正月初一

【原文】

初九：闲有家，悔亡。

《象》曰：闲有家，志未变也。

【译文】

初九：家中有备，悔事可消亡。

《象》曰：家中有防备，说明家人之志未变。

2023 年 1 月 22 日　星期日

壬寅年　癸丑月　辛巳日

正月初二

【原文】

六二：无攸遂，在中馈，贞吉。

《象》曰：六二之吉，顺以巽也。

【译文】

六二：无所抱负，在家中做饭，占问则吉。

《象》曰：六二之吉，顺从而又履行。

2023 年 1 月 23 日　星期一

壬寅年　癸丑月　壬午日

正月初三

【原文】

九三：家人嗃嗃，悔厉，吉。妇子嘻嘻，终吝。

《象》曰：家人嗃嗃，未失也；妇子嘻嘻，失家节也。

【译文】

九三：家人经常受到严厉斥责，（使人）悔而危厉，（最终）吉。妇女孩子嘻嘻笑笑，最终导致羞吝。

《象》曰：家人受到嗃嗃的严叱，（治家）未失其道。妇人和孩子骄佚喜笑，则失去家节。

2023 年 1 月 24 日　星期二

壬寅年　癸丑月　癸未日

正月初四

【原文】

六四：富家，大吉。

《象》曰：富家大吉，顺在位也。

【译文】

六四：使家庭富裕，大吉利。

《象》曰：家庭富裕是大的吉利，以柔顺居守正位。

2023 年 1 月 25 日　星期三

壬寅年　癸丑月　甲申日

正月初五

【原文】

九五：王假有家，勿恤，吉。

《象》曰：王假有家，交相爱也。

【译文】

九五：王到其家，勿忧愁。有吉。

《象》曰：大王到家中，（夫妇）交相爱慕。

2023 年 1 月 26 日　星期四

壬寅年　癸丑月　乙酉日

正月初六

【原文】

上九：有孚威如，终吉。

《象》曰：威如之吉，反身之谓也。

【译文】

上九：有诚信而又威严，最终得吉。

《象》曰：（家道）威严之吉，是说反身求正。

2023年1月27日　星期五

睽卦第三十八

壬寅年　癸丑月　丙戌日

正月初七

睽　兑下离上

【原文】

睽：小事吉。

【译文】

睽：小事吉利。

2023 年 1 月 28 日　星期六

壬寅年　癸丑月　丁亥日

正月初八

【原文】

《彖》曰：睽，火动而上，泽动而下。二女同居，其志不同行。说而丽乎明，柔进而上行，得中而应乎刚，是以小事吉。天地睽，而其事同也；男女睽，而其志通也；万物睽，而其事类也。睽之时用大矣哉。

【译文】

《彖》曰：睽，火动而炎上，泽动而润下，（离兑）二女住在一起，志向不同，很难一起行动。喜悦而附之于文明，（六五）阴柔进而上行于（外卦），得中而应（九二）阳刚。所以小事吉利。天地虽有差异，但养育万物之事相同；男女性别不同，而其心志相通；万物形形色色各有差异，而各涵阴阳之事类同。睽卦所涵的时用盛大啊！

2023 年 1 月 29 日　星期日

壬寅年　癸丑月　戊子日

正月初九

【原文】

《象》曰：上火下泽，睽。君子以同而异。

【译文】

《象》曰：上为火，下为泽，睽卦之象。君子（效此）当取道同而存事异。

2023年1月30日　星期一

壬寅年　癸丑月　己丑日

正月初十

【原文】

初九：悔亡。丧马勿逐，自复。见恶人，无咎。

《象》曰：见恶人，以辟咎也。

【译文】

初九：悔事消亡。丧失的马不必追寻，自己会返回。见到恶人，无咎害。

《象》曰：遇见恶人，以避免咎灾。

2023 年 1 月 31 日　星期二

壬寅年　癸丑月　庚寅日

正月十一

【原文】

九二：遇主于巷，无咎。

《象》曰：遇主于巷，未失道也。

【译文】

九二：在小巷中遇见主人，没有咎害。

《象》曰：在巷道中遇见主人，尚未失道。

2023 年 2 月 1 日　星期三

壬寅年　癸丑月　辛卯日

正月十二

【原文】

六三：见舆曳，其牛掣，其人天且劓，无初，有终。

《象》曰：见舆曳，位不当也。无初有终，遇刚也。

【译文】

六三：看见车被牵引，牛的双角竖起，赶车人又受到墨刑和劓刑。最初虽有磨难，最终有好的结果。

《象》曰：见大车被牵引，（六三）位不正当。初不利而有好的结果，（六三阴柔）遇到阳刚。

2023年2月2日　星期四

壬寅年　癸丑月　壬辰日

正月十三

【原文】

九四：睽孤遇元夫，交孚，厉，无咎。

《象》曰：交孚无咎，志行也。

【译文】

九四：乖异孤独之际，遇到善人，交之以诚信，虽危厉，无咎害。

《象》曰：诚信相交无咎，志在行施。

2023 年 2 月 3 日　星期五

癸卯年　甲寅月　癸巳日

正月十四　立春

【原文】

六五：悔亡，厥宗噬肤，往何咎？

《象》曰：厥宗噬肤，往有庆也。

【译文】

六五：悔事消亡，与其宗人吃肉，前往有何灾害。

《象》曰：其与家人一起吃肉，前往有福庆。

2023 年 2 月 4 日　星期六

癸卯年　甲寅月　甲午日

正月十五

【原文】

上九：睽孤，见豕负涂，载鬼一车。先张之弧，后说之弧，匪寇，婚媾。往遇雨则吉。

《象》曰：遇雨之吉，群疑亡也。

【译文】

上九：乖异孤独之时，见猪满身泥土，又有一车鬼。先张弓欲射，后喜悦置酒相庆，不是盗寇，是求婚的。前往遇雨则吉利。

《象》曰：遇到雨有吉利，众多疑惑消失。

2023 年 2 月 5 日　星期日

蹇卦第三十九

癸卯年　甲寅月　乙未日

正月十六

蹇　艮下坎上

【原文】

蹇：利西南，不利东北。利见大人，贞吉。

【译文】

蹇：利西南，不利东北。利于见大人，占问则吉。

2023 年 2 月 6 日　星期一

癸卯年　甲寅月　丙申日

正月十七

【原文】

《彖》曰：蹇，难也，险在前也。见险而能止，知矣哉。蹇，利西南，往得中也。不利东北，其道穷也。利见大人，往有功也。当位贞吉，以正邦也。蹇之时用大矣哉！

【译文】

《彖》曰：蹇，困难，危险在前面。见到危险而能停止冒险，明智啊！蹇，利于西南，前往可得中道。不利东北，（前往）穷途末路。宜见有权势的人，前往必立功业，居正当之位而守正则吉利，可以正定邦国。蹇卦的作用太大啦！

2023 年 2 月 7 日　星期二

䷦

癸卯年　甲寅月　丁酉日

正月十八

【原文】

《象》曰：山上有水，蹇。君子以反身修德。

【译文】

《象》曰：山上水积，蹇卦之象。君子（效此）当以反省自身而修养道德。

2023 年 2 月 8 日　星期三

癸卯年　甲寅月　戊戌日

正月十九

【原文】

初六：往蹇，来誉。

《象》曰：往蹇来誉，宜待也。

【译文】

初六：往遇险阻，却得来荣誉。

《象》曰：往有险难，返回获荣誉，宜待时（而进）。

2023 年 2 月 9 日　星期四

癸卯年　甲寅月　己亥日

正月二十

【原文】

六二：王臣蹇蹇，匪躬之故。

《象》曰：王臣蹇蹇，终无尤也。

【译文】

六二：王的臣子，历尽重重艰险，不是为了自身的缘故。

《象》曰：王臣皆在险难中，最终无忧。

2023 年 2 月 10 日　星期五

癸卯年　甲寅月　庚子日

正月廿一

【原文】

九三：往蹇，来反。

《象》曰：往蹇来反，内喜之也。

【译文】

九三：往遇险难，（不如）返回来。

《象》曰：往遇险难而返回来，内有喜事。

2023年2月11日　星期六

癸卯年　甲寅月　辛丑日

正月廿二

【原文】

六四：往蹇，来连。

《象》曰：往蹇来连，当位实也。

【译文】

六四：往遇险难，来亦险难。

《象》曰：往有险难，返回亦险，（六四）当位（上下）皆为阳实。

2023 年 2 月 12 日　星期日

癸卯年　甲寅月　壬寅日

正月廿三

【原文】

九五：大蹇，朋来。

《象》曰：大蹇朋来，以中节也。

【译文】

九五：大难中朋友来助。

《象》曰：大难中朋友来助，得中道而有节操。

2023年2月13日　星期一

癸卯年　甲寅月　癸卯日

正月廿四

【原文】

上六：往蹇，来硕，吉。利见大人。

《象》曰：往蹇来硕，志在内也。利见大人，以从贵也。

【译文】

上六：往遇险难，来则从容，吉。宜于见大人。

《象》曰：前往遇险难，返回则丰大，其志向在于内卦。宜见有权势的人，（上六）依从富贵。

2023 年 2 月 14 日　星期二

解卦第四十

癸卯年　甲寅月　甲辰日

正月廿五

解　坎下震上

【原文】

解：利西南。无所往，其来复，吉。有攸往，夙吉。

【译文】

解：宜于西南，无可往之处，（只能）回到原处，吉。（若）有所往（行动）早吉。

2023 年 2 月 15 日　星期三

癸卯年　甲寅月　乙巳日

正月廿六

【原文】《彖》曰：解，险以动，动而免乎险，解。解，利西南，往得众也。其来复吉，乃得中也。有攸往夙吉，往有功也。天地解而雷雨作。雷雨作，而百果草木皆甲坼，解之时大矣哉。

【译文】《彖》曰：解，冒险而去行动，（结果）因行动而免去危险，故称解。解，利西南方向，前往可以得到民众（归服）。返回原来地方吉利，因为得到了中道。有所往，早行动吉，前往可建功业。天地（阴阳）交感，而雷雨大作。雷雨大作，而百果草木皆发芽生根。解卦之时（的作用）太大啦！

2023年2月16日　星期四

癸卯年　甲寅月　丙午日

正月廿七

【原文】

《象》曰：雷雨作，解。君子以赦过宥罪。

【译文】

《象》曰：雷雨交作，解卦之象。君子（效此）当赦免过失者，宽宥罪恶者。

2023 年 2 月 17 日　星期五

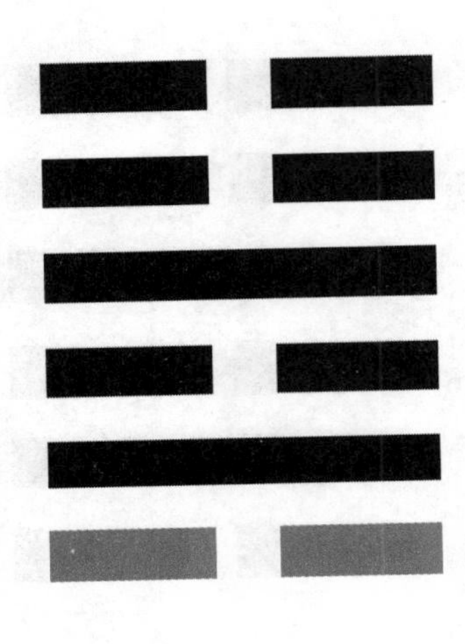

癸卯年　甲寅月　丁未日

正月廿八

【原文】

初六：无咎。

《象》曰：刚柔之际，义无咎也。

【译文】

初六：无灾害。

《象》曰：阳刚与阴柔交接，其义无咎。

2023年2月18日　星期六

癸卯年　甲寅月　戊申日

正月廿九　雨水

【原文】

九二：田获三狐，得黄矢，贞吉。

《象》曰：九二贞吉，得中道也。

【译文】

九二：田猎获三只狐狸，（又）得金色箭头，占之吉。

《象》曰：九二占问则吉，（九二）得中道。

2023 年 2 月 19 日　星期日

癸卯年 甲寅月 己酉日

二月初一

【原文】

六三：负且乘，致寇至，贞吝。

《象》曰：负且乘，亦可丑也。自我致戎，又谁咎也。

【译文】

六三：肩负东西而又乘车，招致了盗寇来（打劫），占之羞吝。

《象》曰：肩负物而乘车，也为可丑。自己招致兵戎（来伐），又是谁的过错？

2023年2月20日 星期一

癸卯年　甲寅月　庚戌日

二月初二

【原文】

九四：解而拇，朋至斯孚。

《象》曰：解而拇，未当位也。

【译文】

九四：解开被缚的拇指，朋友至此才会诚信。

《象》曰：解开被缚的拇指，（九四阳在阴位）未当其位。

2023年2月21日　星期二

癸卯年　甲寅月　辛亥日

二月初三

【原文】

六五：君子维有解，吉。有孚于小人。

《象》曰：君子有解，小人退也。

【译文】

六五：君子被捆缚又得解脱，吉利。得到小人相信。

《象》曰：君子解脱，小人自退。

2023 年 2 月 22 日　星期三

癸卯年　甲寅月　壬子日

二月初四

【原文】

上六：公用射隼于高墉之上，获之，无不利。

《象》曰：公用射隼，以解悖也。

【译文】

上六：王公射鹰隼于城墙之上，获得它，无所不利。

《象》曰：王公射隼鸟，解除悖逆。

2023 年 2 月 23 日　星期四

损卦第四十一

癸卯年　甲寅月　癸丑日

二月初五

损　兑下艮上

【原文】

损：有孚，元吉，无咎，可贞，利有攸往。曷之用？二簋可用享。

【译文】

损：有诚信，开始即吉，无咎害，可以守正。宜有所往，用什么（祭祀鬼神）？二簋食品即可用于享祀。

2023 年 2 月 24 日　星期五

癸卯年　甲寅月　甲寅日

二月初六

【原文】

《彖》曰：损，损下益上，其道上行。损而有孚，元吉，无咎，可贞，利有攸往。曷之用二簋可用享。二簋应有时，损刚益柔有时，损益盈虚，与时偕行。

【译文】

《彖》曰：损，减损下（阳）而增益到上，阳道上行。虽然受损而有诚信，开始即吉，无咎灾，可以守正，宜有所往，用什么（祭祀），只需二簋的（祭品）即可用来享祀。二簋（祭品）应有时，减损（下）阳刚而增益（上）阴柔也应当有时，或损或益，（如月亮之）或盈或虚，皆因时而一起行动。

癸卯年　甲寅月　乙卯日

二月初七

【原文】

《象》曰：山下有泽，损。君子以惩忿窒欲。

【译文】

《象》曰：山下有泽，损卦之象。君子（效此）当制止忿恨窒塞情欲。

2023年2月26日　星期日

癸卯年　甲寅月　丙辰日

二月初八

【原文】

初九：已事遄往，无咎；酌损之。

《象》曰：已事遄往，尚合志也。

【译文】

初九：治病的事要速往，不会有咎害。但要酌情减省。

《象》曰：治病之事速往，与上（六四）其志合。

2023 年 2 月 27 日　星期一

癸卯年　甲寅月　丁巳日

二月初九

【原文】

九二：利贞。征凶，弗损，益之。

《象》曰：九二利贞，中以为志也。

【译文】

九二：宜于守正，征讨则凶，不要损减，而要增益。

《象》曰：九二利于守正，守中以为其志。

2023 年 2 月 28 日　星期二

癸卯年　甲寅月　戊午日

二月初十

【原文】

六三：三人行则损一人，一人行则得其友。

《象》曰：一人行，三则疑也。

【译文】

六三：三人一出行（因不能同心）则一人离去，一人独行（则可）得到朋友。

《象》曰：一人行（可得其友），三（人行）则互相猜疑。

2023 年 3 月 1 日　星期三

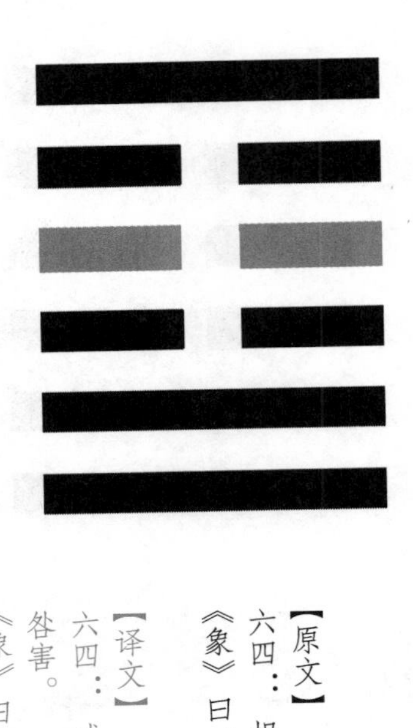

癸卯年　甲寅月　己未日

二月十一

【原文】

六四：损其疾，使遄有喜，无咎。

《象》曰：损其疾，亦可喜也。

【译文】

六四：减轻疾病的事要速办（方可）有喜，无咎害。

《象》曰：减轻疾病，亦可欢喜。

2023年3月2日　星期四

癸卯年　甲寅月　庚申日

二月十二

【原文】

六五：或益之十朋之龟，弗克违，元吉。

《象》曰：六五元吉，自上佑也。

【译文】

六五：或得到价值十朋的宝龟，不可违背（推辞），开始即吉。

《象》曰：六五始则吉，来自上天保佑。

2023 年 3 月 3 日　星期五

癸卯年　甲寅月　辛酉日

二月十三

【原文】

上九：弗损益之，无咎，贞吉，利有攸往。得臣无家。

《象》曰：弗损益之，大得志也。

【译文】

上九：不要减损而要增益，无咎害。占问则吉，宜有所往。得到贤臣辅佐，忘记家事。

《象》曰：不减损反增益，则大得其志。

2023 年 3 月 4 日　星期六

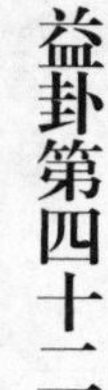

益卦第四十二

癸卯年　甲寅月　壬戌日

二月十四

益　震下巽上

【原文】

益：利有攸往，利涉大川。

【译文】

益：宜有所往，宜涉越大河。

2023 年 3 月 5 日　星期日

癸卯年　乙卯月　癸亥日

二月十五　惊蛰

【原文】

《彖》曰：益，损上益下，民说无疆，自上下下，其道大光。利有攸往，中正有庆。利涉大川，木道乃行。益动而巽，日进无疆。天施地生，其益无方。凡益之道，与时偕行。

【译文】

《彖》曰：益，减损上（一阳）而增益至下，民众喜悦无穷，（一阳）自上而居下（初），其道盛大光明。利于有所往，（九五与六二）居中得正而有吉庆。利于涉越大河，有木舟渡水而行。增益（震）动而（外巽）顺，日日增进无穷。天施（阳气）而地生万物，其效益无尽。凡增益之道，皆与时并行。

癸卯年　乙卯月　甲子日

二月十六

【原文】

《象》曰：风雷，益。君子以见善则迁，有过则改。

【译文】

《象》曰：风雷（相助），益卦之象。君子（效此）见善行则迁徙顺从，有过失则改正。

2023 年 3 月 7 日　星期二

癸卯年　乙卯月　乙丑日

二月十七

【原文】

初九：利用为大作，元吉，无咎。

《象》曰：元吉无咎，下不厚事也。

【译文】

初九：宜于耕种，开始即吉，无灾咎。

《象》曰：始得吉无咎，（初九）不增加额外负担。

2023 年 3 月 8 日　星期三

癸卯年　乙卯月　丙寅日

二月十八

【原文】

六二：或益之十朋之龟，弗克违，永贞吉。王用享于帝，吉。

《象》曰：或益之，自外来也。

【译文】

六二：得到了价值十朋的宝龟，不要推辞，永远守正则吉，王用此享祭上帝，吉。

《象》曰：或许有增益，是从外部而来。

2023 年 3 月 9 日　星期四

癸卯年　乙卯月　丁卯日

二月十九

【原文】

六三：益之用凶事，无咎。有孚中行，告公用圭。

《象》曰：益用凶事，固有之也。

【译文】

六三：把增益施用于凶事，无灾咎。（当发生凶事时）应心存诚信，中道而行，执玉圭告急于王公。

《象》曰：把增益用于凶事，（乃是六三）本来就有的。

2023年3月10日　星期五

癸卯年　乙卯月　戊辰日

二月二十

【原文】

六四：中行，告公从，利用为依迁国。

《象》曰：告公从，以益志也。

【译文】

六四：中道而行，告急王公以得到他的认从支持，利用这种支持为依赖，完成举国迁移的大事。

《象》曰：告诉王公顺从，以增益其志。

2023 年 3 月 11 日　星期六

癸卯年　乙卯月　己巳日

二月廿一

【原文】

九五：有孚惠心，勿问元吉，有孚惠我德。

《象》曰：有孚惠心，勿问之矣。惠我德，大得志也。

【译文】

九五：有诚信惠施于心，不必占问开始即吉。有诚信且惠施于我，必有所得。

《象》曰：有诚信惠施于心，勿需多问。惠施于我德，其志向大行。

2023年3月12日　星期日

癸卯年　乙卯月　庚午日

二月廿二

【原文】

上九：莫益之，或击之，立心勿恒，凶。

《象》曰：莫益之，偏辞也。或击之，自外来也。

【译文】

上九：得不到增益，（反而）受到人攻击，立心无恒常，凶。

《象》曰：得不到增益，偏见之辞。或许有人攻击，自外部而来。

2023 年 3 月 13 日　星期一

夬卦第四十三

癸卯年　乙卯月　辛未日

二月廿三

夬　乾下兑上

【原文】

夬：扬于王庭，孚号有厉。告自邑，不利即戎，利有攸往。

【译文】

夬：在王朝庭上宣扬，竭诚疾呼将有危险。告诫自己封邑内的人，不宜于立即动武，利有所往。

2023 年 3 月 14 日　星期二

癸卯年　乙卯月　壬申日

二月廿四

【原文】

《彖》曰：夬，决也，刚决柔也。健而说，决而和。扬于王庭，柔乘五刚也。孚号有厉，其危乃光也。告自邑，不利即戎，所尚乃穷也。利有攸往，刚长乃终也。

【译文】

《彖》曰：夬，决去。阳刚决去阴柔。刚健而喜悦，决去而又和谐。宜扬于王庭，一阴柔乘凌五阳刚。以诚心疾呼有危厉，其危厉已很普及广大。告诫自己封邑内的人，不宜立即动武，所崇尚（的武力）已是穷途末路。利于有所往，阳刚盛长至此已经终结。

2023 年 3 月 15 日　星期三

癸卯年　乙卯月　癸酉日

二月廿五

【原文】

《象》曰：泽上于天，夬。君子以施禄及下，居德则忌。

【译文】

《象》曰：泽水上于天，夬卦之象。君子（效此）以施其禄泽于下民，贪居所得（而不施）则犯禁忌。

2023年3月16日　星期四

癸卯年　乙卯月　甲戌日

二月廿六

【原文】

初九：壮于前趾，往不胜，为咎。

《象》曰：不胜而往，咎也。

【译文】

初九：脚前趾受伤，前往不胜，为有灾咎。

《象》曰：无胜理而前往，必有灾咎。

2023年3月17日　星期五

癸卯年　乙卯月　乙亥日

二月廿七

【原文】

九二：惕号，莫夜有戎，勿恤。

《象》曰：有戎勿恤，得中道也。

【译文】

九二：惊惧大呼，黑夜有敌情，（但）不必忧愁。

《象》曰：有兵戎（来犯）勿忧虑，（是因）得到了中道。

2023 年 3 月 18 日　星期六

癸卯年　乙卯月　丙子日

二月廿八

【原文】

九三：壮于頄，有凶。君子夬夬，独行遇雨若濡，有愠，无咎。

《象》曰：君子夬夬，终无咎也。

【译文】

九三：脸面受伤，有凶。君子决然而去，独行遇雨而被淋湿，虽然气愤，却无咎害。

《象》曰：君子刚强不疑，最终无咎。

2023年3月19日　星期日

癸卯年　乙卯月　丁丑日

二月廿九

【原文】

九四：臀无肤，其行次且。牵羊悔亡。闻言不信。

《象》曰：其行次且，位不当也。闻言不信，聪不明也。

【译文】

九四：臀部无皮，行动趑趄困难，牵羊而行则悔事消亡，听者不信。

《象》曰：行动趑趄，位不正当。听说而不相信，闻听不明。

2023 年 3 月 20 日　星期一

癸卯年　乙卯月　戊寅日

二月三十　春分

【原文】

九五：苋陆夬夬。中行无咎。

《象》曰：中行无咎，中未光也。

【译文】

九五：山羊健行而去，由道正中行之无咎害。

《象》曰：行中道而无咎，中正之道尚未光大。

2023 年 3 月 21 日　星期二

癸卯年　乙卯月　己卯日

闰二月初一

【原文】

上六：无号，终有凶。

《象》曰：无号之凶，终不可长也。

【译文】

上六：无呼号，最终有凶。

《象》曰：无呼号而有凶，最终不可长久。

2023 年 3 月 22 日　星期三

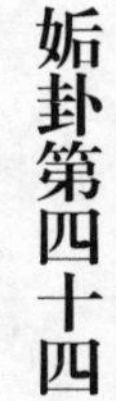

癸卯年　乙卯月　庚辰日

闰二月初二

姤　巽下乾上

【原文】

姤：女壮，勿用取女。

【译文】

姤：（此）女壮健（伤男），勿娶该女为妻。

2023 年 3 月 23 日　星期四

癸卯年　乙卯月　辛巳日

闰二月初三

【原文】

《象》曰：姤，遇也。柔遇刚也。勿用取女，不可与长也。天地相遇，品物咸章也。刚遇中正，天下大行也。姤之时义大矣哉！

【译文】

《象》曰：姤，相遇。阴柔遇阳刚。不要娶此女，不可与（她）长久相处。天地相遇，众物皆光明。（九五）阳刚居中得正，大行于天下。姤卦之时，所含的意义太大啦！

2023年3月24日　星期五

癸卯年　乙卯月　壬午日

闰二月初四

【原文】

《象》曰：天下有风，姤。后以施命诰四方。

【译文】

《象》曰：天下有风，姤卦之象。君王（效此）发布命令，禁止天下四方（旅行）。

2023年3月25日　星期六

癸卯年　乙卯月　癸未日

闰二月初五

【原文】

初六：系于金柅，贞吉。有攸往，见凶。羸豕孚蹢躅。

《象》曰：系于金柅，柔道牵也。

【译文】

初六：牵动铜车闸（煞车），占问则吉，（如果）有所往，则出现凶。猪被捆绑竭力挣扎。

《象》曰：制动铜车闸，阴柔之道牵引。

2023 年 3 月 26 日　星期日

癸卯年　乙卯月　甲申日

闰二月初六

【原文】

九二：包有鱼，无咎。不利宾。

《象》曰：包有鱼，义不及宾也。

【译文】

九二：厨房里有鱼，无灾咎，但不宜于（招待）宾客。

《象》曰：厨房有鱼，其义不及于宾客。

2023 年 3 月 27 日　星期一

癸卯年　乙卯月　乙酉日

闰二月初七

【原文】

九三：臀无肤，其行次且，厉，无大咎。

《象》曰：其行次且，行未牵也。

【译文】

九三：臀部无皮，行动困难，有危厉，无大灾。

《象》曰：其行动趑趄，行动未牵制。

2023 年 3 月 28 日　星期二

癸卯年　乙卯月　丙戌日

闰二月初八

【原文】

九四：包无鱼，起凶。

《象》曰：无鱼之凶，远民也。

【译文】

九四：厨房里无鱼，（惹）起凶事。

《象》曰：（厨房）无鱼而凶险，远离（初六）之民。

2023年3月29日　星期三

癸卯年　乙卯月　丁亥日

闰二月初九

【原文】

九五：以杞包瓜，含章，有陨自天。

《象》曰：九五含章，中正也。有陨自天，志不舍命也。

【译文】

九五：以杞柳器盛瓜。含有章美，由天而降。

《象》曰：九五包含章美，因其中正。自天而陨落，志不舍其天命。

2023 年 3 月 30 日　星期四

癸卯年　乙卯月　戊子日

闰二月初十

【原文】

上九：姤其角，吝，无咎。

《象》曰：姤其角，上穷吝也。

【译文】

上九：遇其角（被抵），有悔吝，无灾咎。

《象》曰：遇其角（而被触），上九其道穷尽而有灾。

2023 年 3 月 31 日　星期五

萃卦第四十五

癸卯年　乙卯月　己丑日

闰二月十一

萃　坤下兑上

【原文】

萃：亨，王假有庙，利见大人，亨，利贞。用大牲吉。利有攸往。

【译文】

萃：亨通，王至宗庙。（此占）宜于见有权势的人，亨通，宜于守正。用大的牲畜祭祀吉，利于有所往。

2023 年 4 月 1 日　星期六

癸卯年　乙卯月　庚寅日

闰二月十二

【原文】

《彖》曰：萃，聚也。顺以说，刚中而应，故聚也。王假有庙，致孝享也。利见大人，亨，聚以正也。用大牲吉，利有攸往，顺天命也。观其所聚，而天地万物之情可见矣。

【译文】

《彖》曰：萃，聚。顺从而招致喜悦，（九五）阳刚居中而（与六二阴柔）相应，故为聚。大王至宗庙，致孝祖之祭。利于见有权势的人，亨通，聚集必以正道。用大的牲畜（祭祀）吉利，利有所往，顺从天命。观察所聚的道理，而天地万物的情状可以展现。

癸卯年　乙卯月　辛卯日

闰二月十三

【原文】

《象》曰：泽上于地，萃。君子以除戎器，戒不虞。

【译文】

《象》曰：泽水居地上，萃卦之象。君子（效此）以修治兵器，戒备意外之患。

2023 年 4 月 3 日　星期一

癸卯年　乙卯月　壬辰日

闰二月十四

【原文】

初六：有孚不终，乃乱乃萃。若号，一握为笑。勿恤，往无咎。

《象》曰：乃乱乃萃，其志乱也。

【译文】

初六：有诚而不终，（因而）又乱又病。于是号哭，（占卦遇）一握又破涕为笑。勿要忧虑，前往无咎。

《象》曰：既乱而又聚会，其志错乱。

2023 年 4 月 4 日　星期二

癸卯年　丙辰月　癸巳日

闰二月十五　清明

【原文】

六二：引吉，无咎。孚乃利用禴。

《象》曰：引吉无咎，中未变也。

【译文】

六二：迎吉无咎，诚乃利用夏祭（求福）。

《象》曰：迎吉无咎，居中未有改变。

2023 年 4 月 5 日　星期三

癸卯年 丙辰月 甲午日

闰二月十六

【原文】

六三：萃如嗟如，无攸利。往无咎，小吝。

《象》曰：往无咎，上巽也。

【译文】

六三：聚集叹息，没有什么利，前往无咎，稍有吝难。

《象》曰：前往无咎，向上顺从。

2023 年 4 月 6 日 星期四

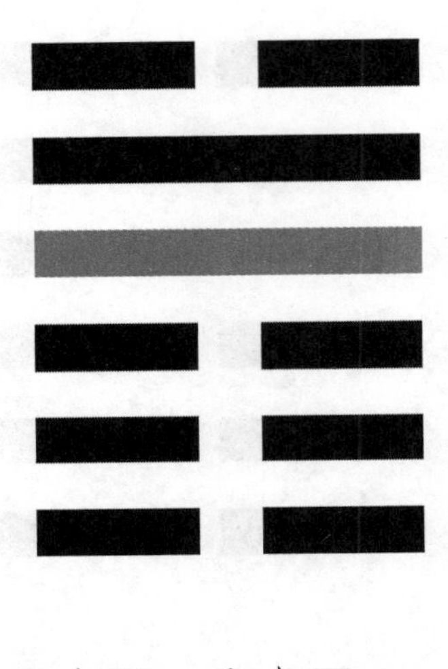

癸卯年　丙辰月　乙未日

闰二月十七

【原文】

九四：大吉，无咎。

《象》曰：大吉无咎，位不当也。

【译文】

九四：大吉，无咎害。

《象》曰：大吉无咎害，其位不正当。

2023年4月7日　星期五

癸卯年 丙辰月 丙申日

闰二月十八

【原文】

九五：萃有位，无咎。匪孚，元永贞，悔亡。

《象》曰：萃有位，志未光也。

【译文】

九五：聚而有其位，无咎害，（虽）不诚（但是）开始即恒守正道，可无悔事。

《象》曰：聚而有其位，其位尚未光大。

2023 年 4 月 8 日 星期六

癸卯年 丙辰月 丁酉日

闰二月十九

【原文】

上六：赍咨涕洟，无咎。

《象》曰：赍咨涕洟，未安上也。

【译文】

上六：财钱丢失急得泪流满面，无咎害。

《象》曰：丢失了钱财泪流满面，未能安居其上。

2023 年 4 月 9 日 星期日

升卦第四十六

癸卯年 丙辰月 戊戌日

闰二月二十

升 巽下坤上

【原文】

升：元亨，用见大人，勿恤，南征吉。

【译文】

升：开始即亨通，宜见有权势的人，不要忧虑，往南出征则吉。

2023年4月10日 星期一

癸卯年　丙辰月　己亥日

闰二月廿一

【原文】

《象》曰：柔以时升，巽而顺，刚中而应，是以大亨。用见大人勿恤，有庆也。南征吉，志行也。

【译文】

《象》曰：阴柔因时而升，巽逊而顺从，（九二）阳刚居中而应（六五），所以得大亨通。宜于见有权势的人，不要忧虑，有吉庆。向南出征则吉，其志得以推行。

2023年4月11日　星期二

癸卯年　丙辰月　庚子日

闰二月廿二

【原文】

《象》曰：地中生木，升。君子以顺德，积小以高大。

【译文】

《象》曰：地中生长树木，升卦之象。君子（效此）当以慎修其德，积小（善）以成高大。

2023年4月12日　星期三

癸卯年　丙辰月　辛丑日

闰二月廿三

【原文】

初六：允升，大吉。

《象》曰：允升大吉，上合志也。

【译文】

初六：进而登高，大吉。

《象》曰：进升大吉，上合志（同升）。

2023 年 4 月 13 日　星期四

癸卯年 丙辰月 壬寅日

闰二月廿四

【原文】

九二：孚乃利用禴，无咎。

《象》曰：九二之孚，有喜也。

【译文】

九二：有诚因而宜于夏祭（求福），无咎害。

《象》曰：九二的诚信，有喜事。

2023 年 4 月 14 日 星期五

癸卯年　丙辰月　癸卯日

闰二月廿五

【原文】

九三：升虚邑。

《象》曰：升虚邑，无所疑也。

【译文】

九三：登上高丘城邑。

《象》曰：登上高丘城邑，无所疑虑。

2023 年 4 月 15 日　星期六

癸卯年 丙辰月 甲辰日

闰二月廿六

【原文】

六四：王用亨于岐山，吉，无咎。

《象》曰：王用亨于岐山，顺事也。

【译文】

六四：大王祭祀于岐山，吉，无咎害。

《象》曰：大王祭享于岐山，谨慎事奉（鬼神）。

2023 年 4 月 16 日 星期日

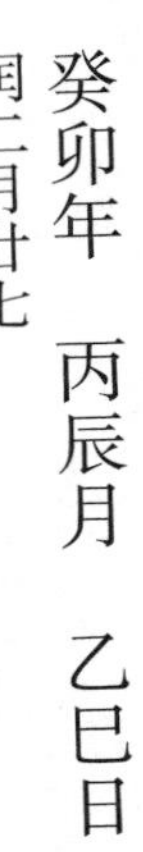

癸卯年　丙辰月　乙巳日

闰二月廿七

【原文】

六五：贞吉，升阶。

《象》曰：贞吉升阶，大得志也。

【译文】

六五：守正则吉，登阶而上。

《象》曰：占问吉而后登阶，将大得其志。

2023年4月17日　星期一

癸卯年　丙辰月　丙午日

闰二月廿八

【原文】

上六：冥升，利于不息之贞。

《象》曰：冥升在上，消不富也。

【译文】

上六：冥中之登，宜于不停止依守正道。

《象》曰：昏冥而升在上，（阴）消而不富有。

2023 年 4 月 18 日　星期二

困卦第四十七

癸卯年　丙辰月　丁未日

闰二月廿九

困　坎下兑上

【原文】

困：亨，贞，大人吉，无咎。有言不信。

【译文】

困：亨通，占问大人则吉，无灾咎。困境中，虽有言相说而人皆不信。

2023年4月19日　星期三

癸卯年 丙辰月 戊申日

三月初一 谷雨

【原文】

《彖》曰：困，刚掩也。险以说，困而不失其所，亨，其唯君子乎！贞大人吉，以刚中也。有言不信，尚口乃穷也。

【译文】

《彖》曰：困，阳刚被（阴柔）遮蔽。虽处危险之中而乐观喜悦，穷困而不失其道，故亨通。这恐怕只有君子（才能做到）吧。占问大人吉祥，因（内外卦皆以）阳刚居中。虽有言相劝而不相信，崇尚空口无凭，必遭穷困。

2023 年 4 月 20 日　星期四

癸卯年　丙辰月　己酉日

三月初二

【原文】

《象》曰：泽无水，困。君子以致命遂志。

【译文】

《象》曰：（水在泽下而）泽上无水，困卦之象。君子（效此）当舍弃生命以实现志向。

2023 年 4 月 21 日　星期五

癸卯年　丙辰月　庚戌日

三月初三

【原文】

初六：臀困于株木，入于幽谷，三岁不觌。

《象》曰：入于幽谷，幽不明也。

【译文】

初六：困坐在树干上，在幽暗的山谷中，三年不能与人见面。

《象》曰：进入幽暗峡谷，幽暗不明。

2023 年 4 月 22 日　星期六

癸卯年　丙辰月　辛亥日

三月初四

【原文】

九二：困于酒食，朱绂方来，利用享祀。征凶，无咎。

《象》曰：困于酒食，中有庆也。

【译文】

九二：吃醉了酒，红色祭服刚被送来，正好用于祭祀。（此爻）出征则有凶，但无咎害。

《象》曰：醉于酒食，守中道而有福庆。

2023年4月23日　星期日

䷮

癸卯年　丙辰月　壬子日

三月初五

【原文】

六三：困于石，据于蒺藜。入于其宫，不见其妻，凶。

《象》曰：据于蒺藜，乘刚也。入于其宫，不见其妻，不祥也。

【译文】

六三：乱石挡道，又有蒺藜据于其上。入于宫室而看不到妻子，凶。

《象》曰：蒺藜据其上，(阴柔)乘凌(九二)阳刚，进入宫室而见不到其妻，乃不祥之兆。

2023年4月24日　星期一

癸卯年　丙辰月　癸丑日

三月初六

【原文】

九四：来徐徐，困于金车，吝，有终。

《象》曰：来徐徐，志在下也。虽不当位，有与也。

【译文】

九四：缓缓安行而来，困窘于金车（遇险），虽有吝难，却有好的结果。

《象》曰：缓缓而来，其志在于应下（初六）。虽不当位，却有援助。

2023年4月25日　星期二

癸卯年 丙辰月 甲寅日

三月初七

【原文】

九五：劓刖，困于赤绂。乃徐有说，利用祭祀。

《象》曰：劓刖，志未得也。乃徐有说，以中直也。利用祭祀，受福也。

【译文】

九五：割鼻断足之刑，困窘因赤绂而起，于是徐徐脱下（赤绂），宜于祭祀。

《象》曰：受割鼻断足之刑，其志愿未得（实现）。于是慢慢脱下，因有中正之德。适合于祭祀，受到福庆。

2023 年 4 月 26 日 星期三

癸卯年　丙辰月　乙卯日

三月初八

【原文】

上六：困于葛藟，于臲卼，曰动悔，有悔，征吉。

《象》曰：困于葛藟，未当也。动悔有悔，吉行也。

【译文】

上六：困于草莽，惶惑不安，思谋动则悔。（虽然）有悔，出征则吉。

《象》曰：为草莽所困，（其位）未当。动迟而有悔，行则吉。

2023年4月27日　星期四

井卦第四十八

癸卯年　丙辰月　丙辰日

三月初九

井　巽下坎上

【原文】

井：改邑不改井，无丧无得。往来井井，汔至，亦未繘井，羸其瓶，凶。

【译文】

井：村邑搬迁，井不会变动。因而（对于井来说）无得无失。（人们）来来往往从井中取水，井干涸了，也不挖井，结果毁坏了（取水的）瓶，有凶。

2023 年 4 月 28 日　星期五

癸卯年　丙辰月　丁巳日

三月初十

【原文】

《象》曰：巽乎水而上水，井。井养而不穷也。改邑不改井，乃以刚中也。汔至亦未繘井，未有功也。羸其瓶，是以凶也。

【译文】

《象》曰：以木引水而上，有井之象。井水供养人而不穷尽。搬迁村邑，井不会变动，这是因（二五）以刚得中。井干涸了也不去挖井，未能尽到井的功用。毁坏了水瓶，所以为凶的预兆。

2023 年 4 月 29 日　星期六

癸卯年　丙辰月　戊午日

三月十一

【原文】

《象》曰：木上有水，井。君子以劳民劝相。

【译文】

《象》曰：木上有水，井卦之象。君子（效此）当使民劳作而又劝勉辅助。

2023 年 4 月 30 日　星期日

癸卯年　丙辰月　己未日

三月十二

【原文】

初六：井泥不食，旧井无禽。

《象》曰：井泥不食，下也。旧井无禽，时舍也。

【译文】

初六：井中只有泥，（已经）不能取水食用，这旧井连飞鸟也不来。

《象》曰：井有泥而不能食用，（初六）居井最下。旧井无禽鸟，过时而舍弃。

2023 年 5 月 1 日　星期一

癸卯年 丙辰月 庚申日

三月十三

【原文】

九二：井谷射鲋，瓮敝漏。

《象》曰：井谷射鲋，无与也。

【译文】

九二：井底射鱼，（致使取水）瓮罐破漏。

《象》曰：井底射小鱼，无所应援。

2023 年 5 月 2 日 星期二

癸卯年　丙辰月　辛酉日

三月十四

【原文】

九三：井渫不食，为我心恻。可用汲，王明，并受其福。

《象》曰：井渫不食，行恻也。求王明，受福也。

【译文】

九三：井已修治好，却不被食用，使我心悲切。可用此井汲水，乃大王英明，（人人）都受其福泽。

《象》曰：井修好而不食用，心中忧伤。祈求大王英明，以受福禄。

2023 年 5 月 3 日　星期三

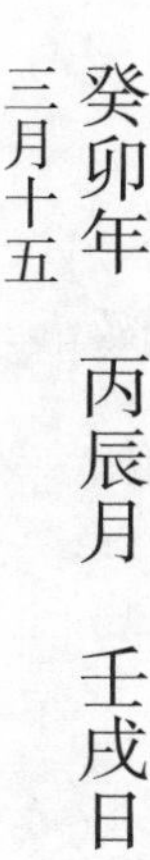

三月十五

【原文】

六四：井甃，无咎。

《象》曰：井甃无咎，修井也。

【译文】

六四：修治井，无咎害。

《象》曰：井修治好无灾害，（因）修治井（的缘故）。

癸卯年　丙辰月　癸亥日

三月十六

【原文】

九五：井洌，寒泉食。

《象》曰：寒泉之食，中正也。

【译文】

九五：井水清洌，冰冷的井水可以食用。

《象》曰：甘洌井水被食用，乃有中正之德。

2023 年 5 月 5 日　星期五

癸卯年 丁巳月 甲子日

三月十七 立夏

【原文】

上六：井收勿幕，有孚元吉。

《象》曰：元吉在上，大成也。

【译文】

上六：井水收取上来，不必在井口加盖。（井）修复了，始而得吉。

《象》曰：大吉在上位，大功已告成。

2023 年 5 月 6 日 星期六

革卦第四十九

癸卯年 丁巳月 乙丑日
三月十八

革 离下兑上

【原文】
革：巳日乃孚。元亨，利贞，悔亡。

【译文】
革：到巳日才有革命（变革）的诚心，（这时）开始即亨通，宜于守正，悔事消亡。

2023 年 5 月 7 日 星期日

癸卯年　丁巳月　丙寅日

三月十九

【原文】

《彖》曰：革，水火相息，二女同居，其志不相得曰革。巳日乃孚，革而信之。文明以说，大亨以正。革而当，其悔乃亡。天地革而四时成，汤武革命，顺乎天而应乎人。革之时大矣哉！

【译文】

《彖》曰：革，水火互相熄灭，二女住在一起，其心志不同，故称革。巳日才有（变革的）诚心，变革而使人相信。（变革时）必以文明而悦（人心），大亨通顺利，因其行正。变革得当，其后悔之事自然消亡。天地之气变化而四时形成，商汤、武王改姓受天命，上顺天时，下应人心。革卦时的作用太大啦！

2023 年 5 月 8 日　星期一

癸卯年　丁巳月　丁卯日

三月二十

【原文】

《象》曰：泽中有火，革。君子以治历明时。

【译文】

《象》曰：泽中有火，革卦之象。君子（效此）当修治历法以明天时。

2023 年 5 月 9 日　星期二

癸卯年　丁巳月　戊辰日

三月廿一

【原文】

初九：巩用黄牛之革。

《象》曰：巩用黄牛，不可以有为也。

【译文】

初九：用黄牛皮革牢固地捆缚。

《象》曰：以黄牛之革巩固，不可有所作为。

2023 年 5 月 10 日　星期三

癸卯年 丁巳月 己巳日

三月廿二

【原文】

六二：巳日乃革之，征吉，无咎。

《象》曰：巳日革之，行有嘉也。

【译文】

六二：到巳日才能施行革命变革大计，出征吉，无咎灾。

《象》曰：到巳日变革，行动必有嘉赏。

2023 年 5 月 11 日 星期四

癸卯年　丁巳月　庚午日

三月廿三

【原文】

九三：征凶，贞厉。革言三就，有孚。

《象》曰：革言三就，又何之矣。

【译文】

九三：出征凶，占问有危厉，（革命变革）言论须经三次（合计）才成。要有诚心。

《象》曰：变革须经三次辩论才能成功，又有何往？

癸卯年　丁巳月　辛未日

三月廿四

【原文】

九四：悔亡。有孚，改命吉。

《象》曰：改命之吉，信志也。

【译文】

九四：悔事消亡，有诚，改天命（立新朝）吉。

《象》曰：改天命有吉祥，（乃）有诚心。

2023 年 5 月 13 日　星期六

癸卯年　丁巳月　壬申日

三月廿五

【原文】

九五：大人虎变。未占有孚。

《象》曰：大人虎变，其文炳也。

【译文】

九五：（革命时）大人像老虎一样威猛，未占则有诚。

《象》曰：大人像虎（换毛）一样变化，其虎纹彪炳。

2023 年 5 月 14 日　星期日

癸卯年　丁巳月　癸酉日

三月廿六

【原文】

上六：君子豹变，小人革面，征凶。居贞吉。

《象》曰：君子豹变，其文蔚也。小人革面，顺以从君也。

【译文】

上六：（革命时）君子像豹子般迅疾，小人也改变了昔日面貌。出征有凶，居则不动，占之则吉。

《象》曰：君子如豹（换毛）一样变化，其豹纹茂密。小人改变了本来的面目，皆顺从君王。

2023年5月15日　星期一

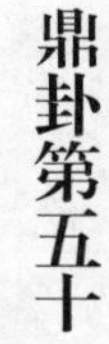

鼎卦第五十

癸卯年　丁巳月　甲戌日

三月廿七

鼎　巽下离上

【原文】

鼎：元吉，亨。

【译文】

鼎：开始即吉，亨通顺利。

2023 年 5 月 16 日　星期二

癸卯年 丁巳月 乙亥日

三月廿八

【原文】

《彖》曰：鼎，象也。以木巽火，亨饪也。圣人亨以享上帝，而大亨以养圣贤。巽而耳目聪明，柔进而上行，得中而应乎刚，是以元亨。

【译文】

《彖》曰：鼎，（以鼎器）象物。用木生火，用以烹饪。圣人烹饪（特性）以祭享上帝，而大亨（牛羊等）以宴请圣贤，巽逊而耳目聪明，（六五）阴柔进升行上位，居中而应于（九二）阳刚，所以开始即亨通。

2023 年 5 月 17 日　星期三

癸卯年　丁巳月　丙子日

三月廿九

【原文】

《象》曰：木上有火，鼎。君子以正位凝命。

【译文】

《象》曰：木上有火（燃烧），鼎卦之象。君子（效此）当正其所居之位，巩固所受之命。

2023年5月18日　星期四

癸卯年　丁巳月　丁丑日

四月初一

【原文】

初六：鼎颠趾，利出否，得妾以其子，无咎。

《象》曰：鼎颠趾，未悖也。利出否，以从贵也。

【译文】

初六：鼎颠倒其足，宜斥逐其妇。得妾及子，无咎灾。

《象》曰：鼎足颠倒，不为悖理。宜于逐斥妇人，顺从贵人。

2023 年 5 月 19 日　星期五

癸卯年　丁巳月　戊寅日

四月初二

【原文】

九二：鼎有实，我仇有疾，不我能即，吉。

《象》曰：鼎有实，慎所之也。我仇有疾，终无尤也。

【译文】

九二：鼎中有食，我妻有病，不能接近我，吉利。

《象》曰：鼎中有食物，当慎于搬动。我妻有病，最终无过尤。

2023 年 5 月 20 日　星期六

癸卯年　丁巳月　己卯日

四月初三　小满

【原文】

九三：鼎耳革，其行塞，雉膏不食，方雨亏悔，终吉。

《象》曰：鼎耳革，失其义也。

【译文】

九三：鼎耳丢失，移动困难，美味的雉膏不能食用，天刚下雨点，阴云又散去，终将得吉。

《象》曰：鼎耳变形，（使鼎）失去（烹饪）之义。

2023 年 5 月 21 日　星期日

癸卯年　丁巳月　庚辰日

四月初四

【原文】

九四：鼎折足，覆公餗，其形渥，凶。

《象》曰：覆公餗，信如何也。

【译文】

九四：鼎足折断，八珍菜粥倾倒出来，沾濡了四周，凶。

《象》曰：（鼎中）菜粥泼出来，其食物如何？

2023 年 5 月 22 日　星期一

癸卯年　丁巳月　辛巳日

四月初五

【原文】

六五：鼎黄耳，金铉，利贞。

《象》曰：鼎黄耳，中以为实也。

【译文】

六五：鼎有黄耳，金铉，利于守正。

《象》曰：鼎有黄色的耳，（鼎）中虚可以（受铉之）实。

2023年5月23日　星期二

癸卯年　丁巳月　壬午日

四月初六

【原文】

上九：鼎玉铉，大吉，无不利。

《象》曰：玉铉在上，刚柔节也。

【译文】

上九：鼎有玉铉，大吉，没有不利。

《象》曰：将王公（鼎的）玉铉在上，刚柔相互节制。

2023 年 5 月 24 日　星期三

震卦第五十一

癸卯年　丁巳月　癸未日

四月初七

震　震下震上

【原文】

震：亨，震来虩虩，笑言哑哑，震惊百里，不丧匕鬯。

【译文】

震：亨通，雷电袭来令人哆嗦，（主祭者）却谈笑自如。雷声惊动百里，（主祭人却）没有失落匙中的香酒。

2023 年 5 月 25 日　星期四

癸卯年　丁巳月　甲申日

四月初八

【原文】

《象》曰：震，亨，震来虩虩，恐致福也。笑言哑哑，后有则也。震惊百里，惊远而惧迩也。（不丧匕鬯），出可以守宗庙社稷，以为祭主也。

【译文】

《象》曰：震，亨通，雷声袭来让人害怕，因恐惧而致福祥。谈笑自如，恐惧后而不失法度。雷惊百里，震惊远方而畏惧近旁。（没有失落木勺中的香酒），外出可以守卫宗庙社稷，成为祭祀的主祭。

2023 年 5 月 26 日　星期五

癸卯年　丁巳月　乙酉日

四月初九

【原文】

《象》曰：洊雷，震。君子以恐惧修省。

【译文】

《象》曰：二雷相重，震卦之象。君子（效此）当知惊恐畏惧、修正省察其过。

2023 年 5 月 27 日　星期六

癸卯年　丁巳月　丙戌日

四月初十

【原文】

初九：震来虩虩，后笑言哑哑，吉。

《象》曰：震来虩虩，恐致福也。笑言哑哑，后有则也。

【译文】

初九：雷电袭来令人哆嗦，过后却谈笑自如，有吉。

《象》曰：震雷袭来令人惊恐，因恐惧（自省）而致福祥。（主祭者）谈笑自如，（雷电）后从容而有法度。

2023 年 5 月 28 日　星期日

癸卯年　丁巳月　丁亥日

四月十一

【原文】

六二：震来厉，亿丧贝。跻于九陵，勿逐，七日得。

《象》曰：震来厉，乘刚也。

【译文】

六二：战雷来势猛厉，怕是要丧失财帛。登上九陵高山，勿追索（失去钱财），七天自会复得。

《象》曰：震雷传来十分危厉，（阴柔）乘凌阳刚。

2023 年 5 月 29 日　星期一

癸卯年　丁巳月　戊子日

四月十二

【原文】

六三：震苏苏，震行无眚。

《象》曰：震苏苏，位不当也。

【译文】

六三：战雷令人发苏，雷电中行走无灾。

《象》曰：震雷把人吓苏，位不正当。

2023 年 5 月 30 日　星期二

癸卯年　丁巳月　己丑日

四月十三

【原文】

九四：震遂泥。

《象》曰：震遂泥，未光也。

【译文】

九四：霹雳坠入泥中。

《象》曰：震雷堕入泥中，（预示其事）不能广大。

2023 年 5 月 31 日　星期三

癸卯年　丁巳月　庚寅日

四月十四

【原文】

六五：震往来厉，亿无丧，有事。

《象》曰：震往来厉，危行也。其事在中，大无丧也。

【译文】

六五：雷电来往猛厉，恐怕无大的损失，将要发生事情。

《象》曰：震雷往来不停十分危厉，是危难之行动。（祭祀之）事居（外卦）中，大无所丧失。

2023年6月1日　星期四

癸卯年　丁巳月　辛卯日

四月十五

【原文】

上六：震索索，视矍矍，征凶。震不于其躬，于其邻，无咎。婚媾有言。

《象》曰：震索索，中未得也。虽凶无咎，畏邻戒也。

【译文】

上六：雷声令人恐惧不安，（电光）使人不敢正视，出征有凶。战雷不击其身，而击邻人，无灾眚。（但）在婚姻上有闲言。

《象》曰：震雷让人哆嗦，中道尚未得。虽有凶险而终无灾，（震及于）邻知畏而有戒备。

2023 年 6 月 2 日　星期五

艮卦第五十二

癸卯年　丁巳月　壬辰日

四月十六

艮　艮下艮上

【原文】

艮：艮其背，不获其身，行其庭，不见其人。无咎。

【译文】

艮：止其背，整个身体则不能动。在庭院中行走，却见不到人，无咎害。

2023 年 6 月 3 日　星期六

癸卯年 丁巳月 癸巳日

四月十七

【原文】

《彖》曰：艮，止也。时止则止，时行则行，动静不失其时，其道光明。艮其止，止其所也。上下敌应，不相与也。是以不获其身，行其庭，不见其人，无咎也。

【译文】

《彖》曰：艮，止。应该止的时候停止，应该行动的时候行动，行动与停止不失时机，（这样）其道才能光明通畅。止其背，正是止的那个地方。（艮卦六爻）上下皆（止而）不相应，不相交往。所以整个身体不动，虽行于庭院，却看不到人，无咎灾。

2023年6月4日　星期日

癸卯年　丁巳月　甲午日

四月十八

【原文】

《象》曰：兼山，艮。君子以思不出其位。

【译文】

《象》曰：两山相重，艮卦之象。君子（效此）思虑问题当不出其所处职位。

2023 年 6 月 5 日　星期一

癸卯年　戊午月　乙未日

四月十九　芒种

【原文】

初六：艮其趾，无咎，利永贞。

《象》曰：艮其趾，未失正也。

【译文】

初六：脚趾止而不动，无咎灾，利于永远守正。

《象》曰：脚趾止而不动，未失止之正理。

2023年6月6日　星期二

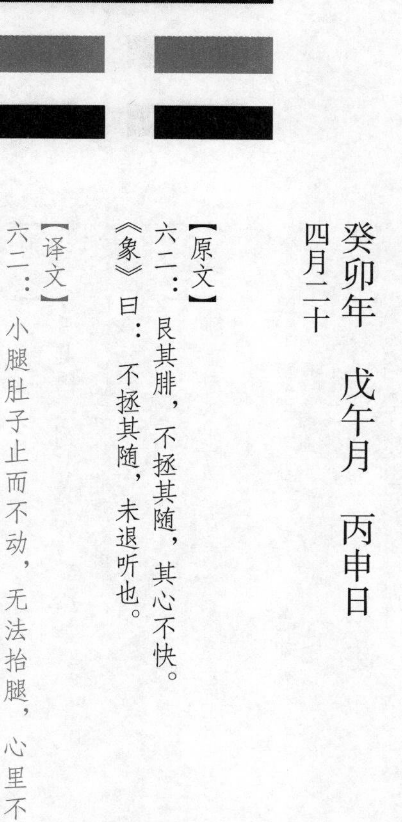

癸卯年　戊午月　丙申日

四月二十

【原文】

六二：艮其腓，不拯其随，其心不快。

《象》曰：不拯其随，未退听也。

【译文】

六二：小腿肚子止而不动，无法抬腿，心里不痛快。

《象》曰：不能随之抬腿，未能退而听从。

2023 年 6 月 7 日　星期三

癸卯年　戊午月　丁酉日

四月廿一

【原文】

九三：艮其限，列其夤，厉薰心。

《象》曰：艮其限，危薰心也。

【译文】

九三：腰止而不能动，脊肉被撕裂，危厉中心急如焚。

《象》曰：腰止而不动，危厉心急如焚。

2023 年 6 月 8 日　星期四

癸卯年　戊午月　戊戌日

四月廿二

【原文】

六四：艮其身，无咎。

《象》曰：艮其身，止诸躬也。

【译文】

六四：止其身（不妄动），无咎。

《象》曰：止其身不动，止之于身而不动。

2023 年 6 月 9 日　星期五

癸卯年　戊午月　己亥日

四月廿三

【原文】

六五：艮其辅，言有序，悔亡。

《象》曰：艮其辅，以中正也。

【译文】

六五：面颊两旁不动，说话井井有序，无后悔之事。

《象》曰：面颊两旁不动，用中正之道。

2023年6月10日　星期六

癸卯年 戊午月 庚子日

四月廿四

【原文】

上九：敦艮，吉。

《象》曰：敦艮之吉，以厚终也。

【译文】

上九：敦厚知止，则有吉。

《象》曰：敦厚知止而有吉祥，以厚道而终结。

2023 年 6 月 11 日 星期日

渐卦第五十三

癸卯年　戊午月　辛丑日

四月廿五

渐　艮下巽上

【原文】

渐：女归吉，利贞。

【译文】

渐：女子出嫁吉，利于守正。

2023年6月12日　星期一

癸卯年 戊午月 壬寅日

四月廿六

【原文】

《彖》曰：渐之进也，女归吉也。进得位，往有功也；进以正，可以正邦也。其位刚，得中也。止而巽，动不穷也。

【译文】

《彖》曰：渐为渐进，少女出嫁吉利。（六四）进而得位，前往可立功业；进用正道，可以正定邦国。（九五）之位为阳刚得中。（内卦艮）止而（外）巽顺，进而不陷入穷困。

2023 年 6 月 13 日 星期二

癸卯年　戊午月　癸卯日

四月廿七

【原文】

《象》曰：山上有木，渐。君子以居贤德善俗。

【译文】

《象》曰：山上有木，渐卦之象。君子（效此）当以居积贤德、改善风俗。

2023年6月14日　星期三

癸卯年　戊午月　甲辰日

四月廿八

【原文】

初六：鸿渐于干，小子厉，有言，无咎。

《象》曰：小子之厉，义无咎也。

【译文】

初六：鸿雁进息于河岸，（此象预示）小子有危厉，遭人指责。无灾咎。

《象》曰：小子有危厉，其义在无咎。

2023年6月15日　星期四

癸卯年　戊午月　乙巳日

四月廿九

【原文】

六二：鸿渐于磐，饮食衎衎，吉。

《象》曰：饮食衎衎，不素饱也。

【译文】

六二：鸿雁进息于磐石，饮食而喜乐。吉。

《象》曰：饮食喜乐，不只为吃饱饭。

2023 年 6 月 16 日　星期五

癸卯年　戊午月　丙午日

四月三十

【原文】

九三：鸿渐于陆，夫征不复，妇孕不育，凶。利御寇。

《象》曰：夫征不复，离群丑也。妇孕不育，失其道也。利用御寇，顺相保也。

【译文】

九三：鸿雁进息于高地，（此象预示）丈夫出征不返回，妇女怀孕不生育，凶。利于防御盗寇。

《象》曰：丈夫出征不返回，依附群类。妇女怀孕而不生育，失其（渐进）正道。利于防御盗寇，顺从其道而相保护。

2023年6月17日　星期六

癸卯年　戊午月　丁未日

五月初一

【原文】

六四：鸿渐于木，或得其桷，无咎。

《象》曰：或得其桷，顺以巽也。

【译文】

六四：鸿雁进息于树木，有的在方木椽上歇息，无灾咎。

《象》曰：（鸿雁）有的栖息在椽木上，柔顺而谦逊。

2023年6月18日　星期日

癸卯年　戊午月　戊申日

五月初二

【原文】

九五：鸿渐于陵，妇三岁不孕，终莫之胜，吉。

《象》曰：终莫之胜吉，得所愿也。

【译文】

九五：鸿雁进息于丘陵，妇人三年不怀孕，最终不能得成。吉。

《象》曰：最终没有成功而有吉利，得到（渐进相合之）愿望。

2023 年 6 月 19 日　星期一

癸卯年　戊午月　己酉日

五月初三

【原文】

上六：鸿渐于陆，其羽可用为仪，吉。

《象》曰：其羽可用为仪吉，不可乱也。

【译文】

上六：鸿雁栖息于高地，它的羽毛可用于装饰。吉。

《象》曰：它的羽毛可用于装饰吉利，不可乱其志。

2023 年 6 月 20 日　星期二

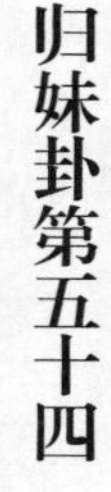

归妹卦第五十四

癸卯年 戊午月 庚戌日

五月初四 夏至

归妹 兑下震上

【原文】

归妹：征凶，无攸利。

【译文】

归妹：出征凶，无所利。

2023 年 6 月 21 日 星期三

癸卯年　戊午月　辛亥日

五月初五

【原文】

《彖》曰：归妹，天地之大义也。天地不交，而万物不兴。归妹，人之终始也。说以动，所以归妹也。征凶，位不当也。无攸利，柔乘刚也。

【译文】

《彖》曰：归妹，是存在于天地间的大道义。天地（阴阳之气）不交，则万物就不会兴盛。归妹，又是人生的终结与开始。喜悦而动，所以归妹。出征有凶，（中四爻）位置不正当。无所利，阴柔乘凌阳刚之上。

癸卯年　戊午月　壬子日

五月初六

【原文】

《象》曰：泽上有雷，归妹。君子以永终知敝。

【译文】

《象》曰：泽上有雷，归妹之象。君子（效此）当以永保其终，知（不终的）敝病。

2023 年 6 月 23 日　星期五

癸卯年 戊午月 癸丑日

五月初七

【原文】

初九：归妹以娣，跛能履，征吉。

《象》曰：归妹以娣，以恒也。跛能履吉，相承也。

【译文】

初九：少女出嫁，妹妹从嫁，跛脚能走，出征则吉。

《象》曰：少女出嫁，其妹从嫁，乃恒久之道。跛脚而能行路吉，相承助其正室。

2023 年 6 月 24 日 星期六

癸卯年　戊午月　甲寅日

五月初八

【原文】

九二：眇能视，利幽人之贞。

《象》曰：利幽人之贞，未变常也。

【译文】

九二：偏盲能看，宜于囚人之占。

《象》曰：宜于囚人之占，未改变常道。

2023年6月25日　星期日

癸卯年　戊午月　乙卯日

五月初九

【原文】

六三：归妹以须，反归以娣。

《象》曰：归妹以须，未当也。

【译文】

六三：少女出嫁，姐姐从嫁，回娘家时，变成妹妹从嫁。

《象》曰：少女出嫁，姐姐从嫁，其位不当。

2023 年 6 月 26 日　星期一

癸卯年　戊午月　丙辰日

五月初十

【原文】

九四：归妹愆期，迟归有时。

《象》曰：愆期之志，有待而行也。

【译文】

九四：少女出嫁延期，迟嫁因有所待。

《象》曰：（少女出嫁）延期的志向，有待佳配而出嫁。

2023 年 6 月 27 日　星期二

癸卯年　戊午月　丁巳日

五月十一

【原文】

六五：帝乙归妹，其君之袂不如其娣之袂良。月几望，吉。

《象》曰：帝乙归妹，不如其娣之袂良也。其位在中，以贵行也。

【译文】

六五：帝乙嫁女，其君夫人的衣饰不如随嫁妹妹衣饰好看。（成亲）选在既望日则吉。

《象》曰：帝乙嫁女，（其君夫人衣饰）不如其陪嫁妹妹衣饰好看。其位居中，以高贵而嫁人。

2023年6月28日　星期三

癸卯年　戊午月　戊午日

五月十二

【原文】

上六：女承筐无实，士刲羊无血。无攸利。

《象》曰：上六无实，承虚筐也。

【译文】

上六：少女盛奁具的筐里没有东西，新郎刺羊也没能放出血来。无所利。

《象》曰：上六（筐中）无实物，承奉的空虚之筐。

2023 年 6 月 29 日　星期四

丰卦第五十五

癸卯年　戊午月　己未日

五月十三

丰　离下震上

【原文】

丰：亨，王假之，勿忧，宜日中。

【译文】

丰：举行祭祀，大王亲至。无忧虑。宜在中午进行。

2023年6月30日　星期五

癸卯年　戊午月　庚申日

五月十四

【原文】

《象》曰：丰，大也。明以动，故丰。王假之，尚大也。勿忧，宜日中，宜照天下也。日中则昃，月盈则食，天地盈虚，与时消息，而况人于人乎，况于鬼神乎？

【译文】

《象》曰：丰，大。光明而动，故曰丰。大王亲至，崇尚盛大。不要忧虑，适宜中午（进行），宜以（中午的太阳）普照天下。日过中午则倾斜，月过（十五）盈满则亏蚀。天地之间的盈满亏虚，都会随着时间的推移消亡与生长，更何况人呢？何况鬼神呢？

2023 年 7 月 1 日　星期六

癸卯年　戊午月　辛酉日

五月十五

【原文】

《象》曰：雷电皆至，丰。君子以折狱致刑。

【译文】

《象》曰：雷电交加而至，丰卦之象。君子（效此）当以决断狱讼，动用刑罚。

2023 年 7 月 2 日　星期日

癸卯年　戊午月　壬戌日

五月十六

【原文】

初九：遇其配主，虽旬无咎，往有尚。

《象》曰：虽旬无咎，过旬灾也。

【译文】

初九：遇到肥族首领，唯于十天内无灾，前往有奖赏。

《象》曰：唯在十天内无灾害，过十天即有灾害。

2023 年 7 月 3 日　星期一

癸卯年　戊午月　癸亥日

五月十七

【原文】

六二：丰其蔀，日中见斗。往得疑疾，有孚发若。吉。

《象》曰：有孚发若，信以发志也。

【译文】

六二：（光明）大片被遮住，中午出现星斗。前往得疑病，有诚可去其病。吉利。

《象》曰：有诚信而发，诚信可以感发大的志向。

2023年7月4日　星期二

癸卯年　戊午月　甲子日

五月十八

【原文】

九三：丰其沛，日中见沫。折其右肱，无咎。

《象》曰：丰其沛，不可大事也。折其右肱，终不可用也。

【译文】

九三：（天）越来越暗，中午出现昏黑，（黑暗中）折断了右臂，（但）无咎灾。

《象》曰：昏暗不断变大，不可以做大事。折断了右臂，最终不可用。

2023年7月5日　星期三

癸卯年　戊午月　乙丑日

五月十九

【原文】

九四：丰其蔀，日中见斗。遇其夷主，吉。

《象》曰：丰其蔀，位不当也。日中见斗，幽不明也。遇其夷主，吉行也。

【译文】

九四：（光明）大片被遮住，中午出现星斗。遇见了西戎族首领，吉利。

《象》曰：（光明）被遮住的越来越大，其位不正当。中午看见星斗，幽暗不明。遇见了西戎首领，有吉利之行。

2023 年 7 月 6 日　星期四

癸卯年 己未月 丙寅日

五月二十 小暑

【原文】

六五：来章，有庆誉，吉。

《象》曰：六五之吉，有庆也。

【译文】

六五：重现光明，人们欢庆赞美。吉利。

《象》曰：六五之吉，有福庆。

2023 年 7 月 7 日 星期五

癸卯年　己未月　丁卯日

五月廿一

【原文】

上六：丰其屋，蔀其家，窥其户，阒其无人，三岁不觌，凶。

《象》曰：丰其屋，天际翔也。窥其户，阒其无人，自藏也。

【译文】

上六：宽大的屋子，阴影遮蔽了家，窥视其门户，静悄悄空无人迹，三年什么也没有见到，凶。

《象》曰：宽大的屋子，天察其妖祥。窥视其门户，静悄悄空无一人，（丰大）自藏。

2023年7月8日　星期六

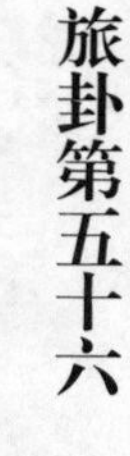

旅卦第五十六

癸卯年　己未月　戊辰日

五月廿二

旅　艮下离上

【原文】

旅：小亨，旅贞吉。

【译文】

旅：小事亨通，旅途中守正则吉。

癸卯年　己未月　己巳日

五月廿三

【原文】

《彖》曰：旅，小亨，柔得中乎外而顺乎刚，止而丽乎明，是以小亨，旅贞吉也。旅之时义大矣哉。

【译文】

《彖》曰：旅，小事亨通，（六五）阴柔居中于外卦，而顺从（九四、上九）阳刚，（内卦艮）静止而依附（外卦离之）光明，所以小事亨通，旅中守正则吉。旅卦时的意义，太大啦！

2023 年 7 月 10 日　星期一

癸卯年　己未月　庚午日

五月廿四

【原文】

《象》曰：山上有火，旅。君子以明慎用刑，而不留狱。

【译文】

《象》曰：山上有火（燃烧），旅卦之象。君子（效此）当明察（是非）慎重地使用刑罚，而又不滞留狱讼。

2023 年 7 月 11 日　星期二

癸卯年 己未月 辛未日

五月廿五

【原文】

初六：旅琐琐，斯其所取灾。

《象》曰：旅琐琐，志穷灾也。

【译文】

初六：旅途中，猥琐卑贱，此其所以取灾。

《象》曰：旅途中猥琐卑贱，志向穷困而又有灾难。

2023 年 7 月 12 日 星期三

癸卯年　己未月　壬申日

五月廿六

【原文】

六二：旅即次，怀其资，得童仆贞。

《象》曰：得童仆贞，终无尤也。

【译文】

六二：旅人住进旅馆，身上带有钱财。得到童仆的忠贞（侍候）。

《象》曰：得到忠贞的童仆，终无过失。

2023 年 7 月 13 日　星期四

癸卯年 己未月 癸酉日
五月廿七

【原文】
九三：旅焚其次，丧其童仆贞，厉。
《象》曰：旅焚其次，亦以伤矣。以旅与下，其义丧也。

【译文】
九三：旅人焚烧旅馆，丧失忠贞的奴仆，十分危厉。
《象》曰：旅人焚烧其旅舍，亦可悲伤。旅时（自高）待下，其义必丧。

2023 年 7 月 14 日 星期五

癸卯年　己未月　甲戌日

五月廿八

【原文】

九四：旅于处，得其资斧，我心不快。

《象》曰：旅于处，未得位也。得其资斧，心未快也。

【译文】

九四：因旅途受阻，（从而）得到斋斧，（使）我心中十分不快。

《象》曰：旅途受阻，未得正位。得到斋斧，心中还是不痛快。

2023 年 7 月 15 日　星期六

癸卯年　己未月　乙亥日

五月廿九

【原文】

六五：射雉，一矢亡，终以誉命。

《象》曰：终以誉命，上逮也。

【译文】

六五：射野鸡，丢了一只箭，最终得荣誉而受爵命。

《象》曰：最终得到荣誉而受爵命，能（顺承）及上。

2023 年 7 月 16 日　星期日

癸卯年　己未月　丙子日

五月三十

【原文】

上九：鸟焚其巢，旅人先笑后号咷，丧牛于易，凶。

《象》曰：以旅在上，其义焚也。丧牛于易，终莫之闻也。

【译文】

上九：鸟巢被焚，旅人先笑后哭号，丧牛于场，凶。

《象》曰：以客旅在上位，其义在于焚烧。丧牛于场，最终没有闻知（下落）。

2023 年 7 月 17 日　星期一

巽卦第五十七

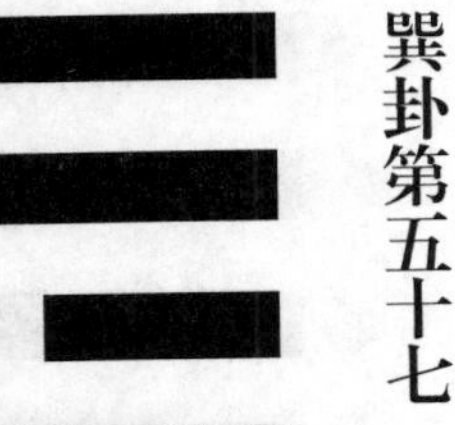

癸卯年　己未月　丁丑日

六月初一

巽　巽下巽上

【原文】

巽：小亨，利有攸往，利见大人。

【译文】

巽：小事亨通，利于有所往，宜于见大人。

癸卯年　己未月　戊寅日

六月初二

【原文】

《彖》曰：重巽以申命，刚巽乎中正而志行。柔皆顺乎刚，是以小亨，利有攸往，利见大人。

【译文】

《彖》曰：两巽相重以申王命。（九五）阳刚居中正之位而行其志。（初六、六四）阴柔皆顺从阳刚。所以小亨通，宜有所往，宜见有权势的人。

2023 年 7 月 19 日　星期三

癸卯年　己未月　己卯日

六月初三

【原文】

《象》曰：随风，巽。君子以申命行事。

【译文】

《象》曰：两风相随，巽卦之象。君子（效此）当申复命令，履行其事。

2023 年 7 月 20 日　星期四

癸卯年　己未月　庚辰日

六月初四

【原文】

初六：进退，利武人之贞。

《象》曰：进退，志疑也。利武人之贞，志治也。

【译文】

初六：进退不决，宜于武人守正。

《象》曰：进退不定，心志疑惑。宜武人守正，其心志在修治。

2023 年 7 月 21 日　星期五

癸卯年　己未月　辛巳日

六月初五

【原文】

九二：巽在床下，用史巫纷若，吉，无咎。

《象》曰：纷若之吉，得中也。

【译文】

九二：筮者在床下演算，又用很多祝史、巫觋为之祈福驱邪，结果为吉，且无灾咎。

《象》曰：纷纷（史巫祈福而得到）的吉祥，因得中道。

2023 年 7 月 22 日　星期六

癸卯年　己未月　壬午日
六月初六　大暑

【原文】
九三：频巽，吝。
《象》曰：频巽之吝，志穷也。

【译文】
九三：频繁地占筮，则有难。
《象》曰：多次占算（而得到）的灾咎，（在于）心志穷困。

2023 年 7 月 23 日　星期日

癸卯年　己未月　癸未日

六月初七

【原文】

六四：悔亡，田获三品。

《象》曰：田获三品，有功也。

【译文】

六四：后悔消失，田猎时获兽三品。

《象》曰：田猎获得三品之兽，必有功劳。

2023年7月24日　星期一

癸卯年　己未月　甲申日

六月初八

【原文】

九五：贞吉，悔亡，无不利，无初有终。先庚三日，后庚三日，吉。

《象》曰：九五之吉，位正中也。

【译文】

九五：守正则吉，悔事消亡没有不利的。虽无（甲日以明）其初，但有（癸日以成）其终，庚日前丁日，庚日后癸日为吉日。

《象》曰：九五而有吉祥，其位得正而守中。

2023 年 7 月 25 日　星期二

癸卯年　己未月　乙酉日

六月初九

【原文】

上九：巽在床下，丧其资斧，贞凶。

《象》曰：巽在床下，上穷也。丧其资斧，正乎凶也。

【译文】

上九：在床下占筮，丧失了斋斧，占问有凶。

《象》曰：在床下占算，在上穷困。丢失了斋斧，（上九失正）正有凶险。

2023年7月26日　星期三

兑卦第五十八

癸卯年 己未月 丙戌日

六月初十

兑 兑下兑上

【原文】

兑：亨，利贞。

【译文】

兑：亨通，利于守正。

2023 年 7 月 27 日 星期四

癸卯年　己未月　丁亥日

六月十一

【原文】

《彖》曰：兑，说也。刚中而柔外，说以利贞，是以顺乎天而应乎人。说以先民，民忘其劳；说以犯难，民忘其死；说之大，民劝矣哉！

【译文】

《彖》曰：兑，说。（九二、九五）阳刚居中而（六三、上六）阴柔在外，教化说服才宜于守正，故能顺从天道而应和人心。（若）说服民众于先，民众可以忘记劳苦。说服民众渡过难关，民众便会忘记死亡。说服的力量太大啦！民众是被劝服的啊！

2023 年 7 月 28 日　星期五

癸卯年　己未月　戊子日

六月十二

【原文】

《象》曰：丽泽，兑。君子以朋友讲习。

【译文】

《象》曰：两泽相依附，兑卦之象。君子（效此）当以朋友相聚而讲习（学业）。

2023 年 7 月 29 日　星期六

癸卯年　己未月　己丑日

六月十三

【原文】

初九：和兑，吉。

《象》曰：和兑之吉，行未疑也。

【译文】

初九：和颜悦色则吉。

《象》曰：和颜悦色而带来的吉祥，行动没有疑惑。

2023年7月30日　星期日

癸卯年　己未月　庚寅日

六月十四

【原文】

九二：孚兑，吉。悔亡。

《象》曰：孚兑之吉，信志也。

【译文】

九二：心悦诚服则吉，悔事消亡。

《象》曰：心悦诚服而带来的吉祥，有诚信之志。

2023 年 7 月 31 日　星期一

癸卯年　己未月　辛卯日

六月十五

【原文】

六三：来兑，凶。

《象》曰：来兑之凶，位不当也。

【译文】

六三：（谄邪）来求悦，则凶。

《象》曰：（谄邪）而求悦而带来的凶，其位不正当。

2023年8月1日　星期二

癸卯年　己未月　壬辰日

六月十六

【原文】

九四：商兑未宁，介疾有喜。

《象》曰：九四之喜，有庆也。

【译文】

九四：商量中融洽喜悦，（但事情）尚未定下。虽有癣疥小疾，但有喜事。

《象》曰：九四之喜，有福庆。

2023 年 8 月 2 日　星期三

癸卯年　己未月　癸巳日

六月十七

【原文】

九五：孚于剥，有厉。

《象》曰：孚于剥，位正当也。

【译文】

九五：诚信于剥离之道，有危厉。

《象》曰：存信于剥离，其位得正。

2023 年 8 月 3 日　星期四

癸卯年　己未月　甲午日

六月十八

【原文】

上六：引兑。

《象》曰：上六引兑，未光也。

【译文】

上六：引导而喜悦。

《象》曰：上六引致喜悦，（其道）未能广大。

2023 年 8 月 4 日　星期五

涣卦第五十九

癸卯年　己未月　乙未日

六月十九

涣　坎下巽上

【原文】

涣：亨，王假有庙，利涉大川，利贞。

【译文】

涣：亨通。大王至庙中（祭祀），利于涉越大河，宜于守正。

2023 年 8 月 5 日　星期六

癸卯年　己未月　丙申日

六月二十

【原文】

《彖》曰：涣，亨，刚来而不穷，柔得位乎外而上同。王假有庙，王乃在中也。利涉大川，乘木有功也。

【译文】

《彖》曰：涣，亨通，（九二）阳刚来而不会穷困于下，（六四）阴柔得位于外卦，与上面（九五爻）同德。大王至宗庙，大王在庙中。宜于涉越大河，（因为）乘木船涉河而有功。

2023年8月6日　星期日

癸卯年　己未月　丁酉日

六月廿一

【原文】

《象》曰：风行水上，涣。先王以享于帝，立庙。

【译文】

《象》曰：风行水上，涣卦之象。先王（效此）当祭享上帝，设立宗庙。

2023年8月7日　星期一

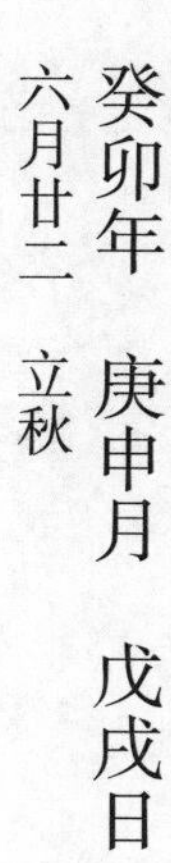

【原文】

初六：用拯马壮，吉。

《象》曰：初六之吉，顺也。

【译文】

初六：取用壮马拯救，吉。

《象》曰：初六的吉祥，在于柔顺。

2023 年 8 月 8 日 星期二

癸卯年　庚申月　己亥日

六月廿三

【原文】

九二：涣奔其机，悔亡。

《象》曰：涣奔其机，得愿也。

【译文】

九二：水散奔于台阶，悔事消亡。

《象》曰：水流奔至台阶，得其（济涣）之心愿。

2023年8月9日　星期三

癸卯年　庚申月　庚子日

六月廿四

【原文】

六三：涣其躬，无悔。

《象》曰：涣其躬，志在外也。

【译文】

六三：水冲及自身无悔。

《象》曰：水冲及自身，志向在于外（上九）。

2023 年 8 月 10 日　星期四

癸卯年　庚申月　辛丑日

六月廿五

【原文】

六四：涣其群，元吉。涣有丘，匪夷所思。

《象》曰：涣其群元吉，光大也。

【译文】

六四：水冲击众人，开始即吉。（因）水至有高地，不是平常所想的那样。

《象》曰：水冲击众人，开始即吉，其道广大。

2023 年 8 月 11 日　星期五

癸卯年　庚申月　壬寅日

六月廿六

【原文】

九五：涣汗其大号，涣王居，无咎。

《象》曰：王居无咎，正位也。

【译文】

九五：水如汗（出而不返），将大声发布号令，水冲王居之处，无灾咎。

《象》曰：（水及）大王居处无灾害，（九五处）正位。

2023 年 8 月 12 日　星期六

癸卯年　庚申月　癸卯日

六月廿七

【原文】

上九：涣其血去逖出，无咎。

《象》曰：涣其血，远害也。

【译文】

上九：水的冲击散去，也使忧虑恐惧散失。无灾咎。

《象》曰：虽大水造成了灾害，但灾害已远去。

2023 年 8 月 13 日　星期日

节卦第六十

癸卯年 庚申月 甲辰日

六月廿八

节 兑下坎上

【原文】

节：亨，苦节不可贞。

【译文】

节：亨通。蓍草之节枯朽，不可用以占筮。

2023年8月14日 星期一

癸卯年　庚申月　乙巳日

六月廿九

【原文】《彖》曰：节，亨，刚柔分而刚得中。苦节不可贞，其道穷也。说以行险，当位以节，中正以通。天地节，而四时成，节以制度，不伤财，不害民。

【译文】《彖》曰：节，亨通，阳刚阴柔分居（上下），而（九二、九五）阳刚得中。苦苦节制不可以守正，节制之道穷困。喜悦以行险阻，（九五阳刚）当位而施以节制，（必）中正通达。天地（阴阳之气互相）节制，而四时的变化才形成。（圣人）以制度节制，不损伤财物，不妨害民众。

2023 年 8 月 15 日　星期二

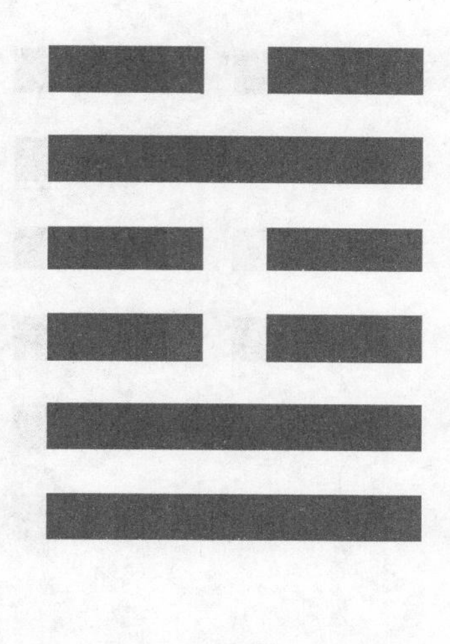

癸卯年　庚申月　丙午日

七月初一

【原文】

《象》曰：泽上有水，节。君子以制数度，议德行。

【译文】

《象》曰：泽上有水，节卦之象。君子（效此）当以制定数度，审议德行。

2023 年 8 月 16 日　星期三

癸卯年　庚申月　丁未日

七月初二

【原文】

初九：不出户庭，无咎。

《象》曰：不出户庭，知通塞也。

【译文】

初九：不出内院，无灾。

《象》曰：不出户门庭院，知通知塞。

2023 年 8 月 17 日　星期四

癸卯年　庚申月　戊申日

七月初三

【原文】

九二：不出门庭，凶。

《象》曰：不出门庭凶，失时极也。

【译文】

九二：不出庭院，则凶。

《象》曰：不出大门庭院有凶，失时中。

2023 年 8 月 18 日　星期五

癸卯年　庚申月　己酉日

七月初四

【原文】

六三：不节若，则嗟若，无咎。

《象》曰：不节之嗟，又谁咎也。

【译文】

六三：不节俭，必然会带来忧愁叹息。但却无咎灾。

《象》曰：不节俭带来的叹息，又怨咎谁？

2023 年 8 月 19 日　星期六

癸卯年　庚申月　庚戌日

七月初五

【原文】

六四：安节，亨。

《象》曰：安节之亨，承上道也。

【译文】

六四：安于节俭，亨通。

《象》曰：安于节俭的亨通，顺承上面（九五）中正之道。

2023 年 8 月 20 日　星期日

癸卯年　庚申月　辛亥日

七月初六

【原文】

九五：甘节，吉；往有尚。

《象》曰：甘节之吉，居位中也。

【译文】

九五：以节俭为美，这是吉利的；前往必有赏。

《象》曰：以节俭为美而有吉祥，居正位而得中。

2023年8月21日　星期一

癸卯年　庚申月　壬子日

七月初七

【原文】

上六：苦节，贞凶，悔亡。

《象》曰：苦节贞凶，其道穷也。

【译文】

上六：蓍草之节枯朽，占之则凶，但悔事消亡。

《象》曰：以节俭为苦占问有凶，节道穷困。

2023 年 8 月 22 日　星期二

中孚卦第六十一

癸卯年　庚申月　癸丑日

七月初八　处暑

中孚　兑下巽上

【原文】

中孚：豚鱼吉。利涉大川。利贞。

【译文】

中孚：用豚鱼（祭祀）则吉。利于涉越大河，利于守正。

2023年8月23日　星期三

癸卯年　庚申月　甲寅日

七月初九

【原文】

《彖》曰：中孚，柔在内而刚得中。说而巽，孚乃化邦也。豚鱼吉，信及豚鱼也。利涉大川，乘木舟虚也。中孚以利贞，乃应乎天也。

【译文】

《彖》曰：中孚，（六三、六四）阴柔在内而（九二、九五）阳刚居中，喜悦而逊顺，其诚才能感化邦国。用猪和鱼（祭祀）则吉，诚信得之于用猪和鱼（祭祀）。宜于涉越大河，乘驾木舟中虚（行水）。中孚能宜于守正，才是顺应天道。

2023 年 8 月 24 日　星期四

癸卯年　庚申月　乙卯日

七月初十

【原文】

《象》曰：泽上有风，中孚。君子以议狱缓死。

【译文】

《象》曰：水泽之上有风，中孚之象。君子（效此）当审议狱讼，延缓死刑。

2023 年 8 月 25 日　星期五

癸卯年 庚申月 丙辰日

七月十一

【原文】

初九：虞吉，有它不燕。

《象》曰：初九虞吉，志未变也。

【译文】

初九：安则吉，有意外则不安。

《象》曰：初九安乐则吉，志向未改变。

2023 年 8 月 26 日 星期六

癸卯年 庚申月 丁巳日

七月十二

【原文】

九二：鸣鹤在阴，其子和之。我有好爵，吾与尔靡之。

《象》曰：其子和之，中心愿也。

【译文】

九二：鹤在树荫之下鸣叫，小鹤应声而和，我有美酒，我愿与你共享。

《象》曰：其子（鹤）应声而和（鸣），发自中心愿望。

2023 年 8 月 27 日 星期日

癸卯年　庚申月　戊午日

七月十三

【原文】

六三：得敌，或鼓或罢，或泣或歌。

《象》曰：或鼓或罢，位不当也。

【译文】

六三：打败了敌人，（士兵）有击鼓者；有凯旋班师者；有哭泣者；有歌唱者。

《象》曰：有的击鼓，有的班师，（六三）其位不正当。

2023 年 8 月 28 日　星期一

癸卯年　庚申月　己未日

七月十四

【原文】

六四：月几望，马匹亡，无咎。

《象》曰：马匹亡，绝类上也。

【译文】

六四：在既望之日，马匹丧失，但却无咎。

《象》曰：马匹丧失，（六四）断绝（六三）同类而顺上。

2023 年 8 月 29 日　星期二

癸卯年　庚申月　庚申日

七月十五

【原文】

九五：有孚挛如，无咎。

《象》曰：有孚挛如，位正当也。

【译文】

九五：有诚信系恋，无灾。

《象》曰：有诚信维系，（九五）位正当。

2023 年 8 月 30 日　星期三

癸卯年　庚申月　辛酉日

七月十六

【原文】

上九：翰音登于天，贞凶。

《象》曰：翰音登于天，何可长也。

【译文】

上六：祭祀时用鸡祭天，占问则凶。

《象》曰：用鸡祭天，如何可长久？

2023 年 8 月 31 日　星期四

小过卦第六十二

䷽

癸卯年　庚申月　壬戌日

七月十七

小过　艮下震上

【原文】

小过：亨，利贞。可小事，不可大事。飞鸟遗之音，不宜上，宜下。大吉。

【译文】

小过：亨通，宜于守正，可以做小事，不可以做大事。飞鸟过后遗音犹在，不宜上，而宜于下，大吉。

2023 年 9 月 1 日　星期五

癸卯年　庚申月　癸亥日
七月十八

【原文】
《象》曰：小过，小者过而亨也。过以利贞，与时行也。柔得中，是以小事吉也。刚失位而不中，是以不可大事也。有飞鸟之象焉，飞鸟遗之音，不宜上，宜下，大吉，上逆而下顺也。

【译文】
《象》曰：小过，（阴）小盛过而能亨通，过而宜于守正，是因符合于时而行动。（六二、六五）阴柔居中，所以小事吉利。（九三、九四）阳刚失位而不居于中，所以不可做大事。（小过）有飞鸟之象，飞鸟过后遗音犹在，不宜上而宜下，大吉，（因为）往上逆而向下顺啊！

2023年9月2日　星期六

癸卯年　庚申月　甲子日

七月十九

【原文】

《象》曰：山上有雷，小过。君子以行过乎恭，丧过乎哀，用过乎俭。

【译文】

《象》曰：山上有雷，小过之象。君子（效此）当行动过于恭敬，居丧过于悲哀，费用过于节俭。

2023 年 9 月 3 日　星期日

癸卯年　庚申月　乙丑日

七月二十

【原文】

初六：飞鸟以凶。

《象》曰：飞鸟以凶，不可如何也。

【译文】

初六：飞鸟带来了凶。

《象》曰：飞鸟带来凶兆，无可奈何。

2023 年 9 月 4 日　星期一

癸卯年　庚申月　丙寅日

七月廿一

【原文】

六二：过其祖，遇其妣，不及其君，遇其臣，无咎。

《象》曰：不及其君，臣不可过也。

【译文】

六二：越过祖父（不见），而与祖母相见，不到君王那里，而与臣仆相遇，无害。

《象》曰：没有到国君那里，（六二）不可越过臣。

2023 年 9 月 5 日　星期二

癸卯年　庚申月　丁卯日

七月廿二

【原文】

九三：弗过防之，从或戕之，凶。

《象》曰：从或戕之，凶如何也。

【译文】

九三：没有过失应加以防范，放纵有被杀的危险，凶。

《象》曰：放纵就有被杀的危险，凶险会怎么样？

2023 年 9 月 6 日　星期三

癸卯年　庚申月　戊辰日

七月廿三

【原文】

九四：无咎，弗过遇之。往厉，必戒。勿用，永贞。

《象》曰：弗过遇之，位不当也。往厉必戒，终不可长也。

【译文】

九四：无害，没有过失而逢（过失），前往有危险，必定要警戒，这样的事不要做，要永远恪守正道。

《象》曰：没有过失而相遇，位不正当。前往有危厉必须戒备，最终不可长久。

2023 年 9 月 7 日　星期四

癸卯年　辛酉月　己巳日

七月廿四　白露

【原文】

六五：密云不雨，自我西郊，公弋取彼在穴。

《象》曰：密云不雨，已上也。

【译文】

六五：乌云密布从我西郊而来，但不下雨。某公射鸟，在穴中得到了它。

《象》曰：阴云密布而不下雨，（雨）已在（艮山）之上。

2023 年 9 月 8 日　星期五

癸卯年　辛酉月　庚午日

七月廿五

【原文】

上六：弗遇过之，飞鸟离之，凶，是谓灾眚。

《象》曰：弗遇过之，已亢也。

【译文】

上六：没有相遇而有过失，（如同）飞鸟被捕捉，有凶，这就叫灾祸。

《象》曰：没有相遇而经过，（阴）已亢上。

2023 年 9 月 9 日　星期六

既济卦第六十三

癸卯年　辛酉月　辛未日

七月廿六

既济　离下坎上

【原文】

既济：亨，小利贞。初吉，终乱。

【译文】

既济：有小的亨通，宜于守正。最初吉利，最终混乱。

2023年9月10日　星期日

癸卯年　辛酉月　壬申日
七月廿七

【原文】
《彖》曰：既济，亨，小者亨也。利贞，刚柔正而位当也。初吉，柔得中也。终止则乱，其道穷也。

【译文】
《彖》曰：既济，亨通，小事而能亨通。利于守正，（六爻）阳刚阴柔之位皆正当。起初吉利，（六二）阴柔居中，终（若）停止则必乱。（事至既济，六爻皆已当位）其道当穷尽。

2023 年 9 月 11 日　星期一

癸卯年　辛酉月　癸酉日

七月廿八

【原文】

《象》曰：水在火上，既济。君子以思患而预防之。

【译文】

《象》曰：水在火上，既济之象。君子（效此）当思虑后患而预防它（发生）。

2023 年 9 月 12 日　星期二

癸卯年　辛酉月　甲戌日

七月廿九

【原文】

初九：曳其轮，濡其尾，无咎。

《象》曰：曳其轮，义无咎也。

【译文】

初九：（渡水时）拖拉车轮，沾湿了车尾，无灾咎。

《象》曰：拖拉车轮，其义当为无咎。

2023 年 9 月 13 日　星期三

癸卯年　辛酉月　乙亥日

七月三十

【原文】

六二：妇丧其茀，勿逐，七日得。

《象》曰：七日得，以中道也。

【译文】

六二：妇人丢失了头上的首饰，不要追寻，七天即可复得。

《象》曰：七日可以复得（其茀），用中道。

2023 年 9 月 14 日　星期四

癸卯年　辛酉月　丙子日

八月初一

【原文】

九三：高宗伐鬼方，三年克之，小人勿用。

《象》曰：三年克之，惫也。

【译文】

九三：殷高宗讨伐鬼方，经过了三年才取胜，因而不可起用小人。

《象》曰：三年攻克（鬼方），（已）疲惫不堪。

2023 年 9 月 15 日　星期五

癸卯年　辛酉月　丁丑日

八月初二

【原文】

六四：繻有衣袽，终日戒。

《象》曰：终日戒，有所疑也。

【译文】

六四：（船）漏水濡湿，用衣袽塞漏船，终日戒备。

《象》曰：终日戒备，有所疑惑。

2023 年 9 月 16 日　星期六

癸卯年　辛酉月　戊寅日

八月初三

【原文】

九五：东邻杀牛，不如西邻之禴祭，实受其福。

《象》曰：东邻杀牛，不如西邻之时也；实受其福，吉大来也。

【译文】

九五：东邻杀牛（举行盛大祭祀），不如西邻进行简单的祭祀，而实际受到上天赐福。

《象》曰：东邻杀牛，举行大的祭祀，倒不如西邻（六二）得时。实际承受了（上天的）福分，大的吉祥已来到。

2023 年 9 月 17 日　星期日

癸卯年　辛酉月　己卯日
八月初四

【原文】
上六：濡其首，厉。
《象》曰：濡其首厉，何可久也。

【译文】
上六：弄湿了头，有危厉。
《象》曰：沾湿了头有危厉，怎么会长久呢！

2023 年 9 月 18 日　星期一

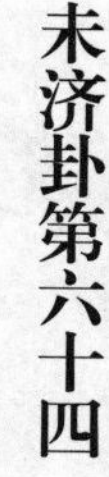

癸卯年 辛酉月 庚辰日

八月初五

未济 坎下离上

【原文】

未济：亨。小狐汔济，濡其尾，无攸利。

【译文】

未济：亨通顺利，小狐狸快要渡过河时，沾湿了尾巴，没有什么利。

2023 年 9 月 19 日 星期二

癸卯年　辛酉月　辛巳日

八月初六

【原文】

《象》曰：未济，亨，柔得中也。小狐汔济，未出中也。濡其尾，无攸利，不续终也。虽不当位，刚柔应也。

【译文】

《象》曰：未济，亨通，（六五）阴柔居中。小狐狸将要渡过河，未出坎水之中。（九二爻）沾湿了尾巴，没有什么利的，不能延续至终。（未济六爻）虽然不当位，而（六爻）阳刚阴柔皆互相应合。

癸卯年 辛酉月 壬午日

八月初七

【原文】

《象》曰：火在水上，未济。君子以慎辨物居方。

【译文】

《象》曰：火在水上，未济之象。君子（效此）当以谨慎分辨事物处理四方之事。

2023 年 9 月 21 日 星期四

癸卯年　辛酉月　癸未日

八月初八

【原文】

初六：濡其尾，吝。

《象》曰：濡其尾，亦不知极也。

【译文】

初六：沾湿了尾巴，将有吝羞。

《象》曰：小狐狸沾湿了尾巴，亦不知用中。

2023 年 9 月 22 日　星期五

癸卯年　辛酉月　甲申日

八月初九　秋分

【原文】

九二：曳其轮，贞吉。

《象》曰：九二贞吉，中以行正也。

【译文】

九二：拖拉车轮，占问则吉。

《象》曰：九二守正则吉，用中而行正。

2023 年 9 月 23 日　星期六

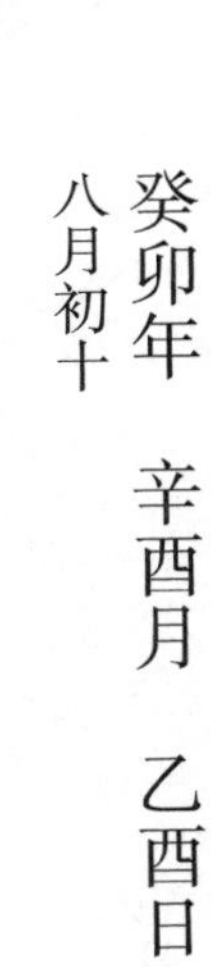

癸卯年　辛酉月　乙酉日

八月初十

【原文】

六三：未济，征凶，利涉大川。

《象》曰：未济征凶，位不当也。

【译文】

六三：未能成功，出征则凶，利于涉越大河。

《象》曰：未渡过河、出征则有凶险，位不正当。

2023 年 9 月 24 日　星期日

癸卯年　辛酉月　丙戌日

八月十一

【原文】

九四：贞吉，悔亡。震用伐鬼方，三年有赏于大国。

《象》曰：贞吉悔亡，志行也。

【译文】

九四：占问则吉，后悔之事消失，（周人）动用（兵力）讨伐鬼方，经过三年（取胜），得到了大国的奖赏。

《象》曰：占问有吉、悔事消亡，其志得以施行。

2023 年 9 月 25 日　星期一

癸卯年　辛酉月　丁亥日
八月十二

【原文】
六五：贞吉，无悔。君子之光有孚，吉。
《象》曰：君子之光，其晖吉也。

【译文】
六五：占问则吉，无后悔之事。君子的光辉，在于有诚信，这是吉利的。
《象》曰：君子的光辉，光明有晖而吉祥。

2023 年 9 月 26 日　星期二

癸卯年　辛酉月　戊子日

八月十三

【原文】

上九：有孚于饮酒，无咎。濡其首，有孚失是。

《象》曰：饮酒濡首，亦不知节也。

【译文】

上九：寓诚信于饮酒之中，无咎害；（若醉后）以酒沾湿头，虽有诚而失正。

《象》曰：饮酒而沾湿头，也是不知节制的（自己）。

2023年9月27日　星期三

癸卯年　辛酉月　己丑日

八月十四

【原文】

《系辞上》曰：天尊地卑，乾坤定矣。卑高以陈，贵贱位矣。动静有常，刚柔断矣。方以类聚，物以群分，吉凶生矣。在天成象，在地成形，变化见矣。

【译文】

《系辞上》曰：天尊贵（于上），地卑贱（于下），乾坤（由此）确定。卑下高尚已经陈列，贵贱之位确立。（天地）动静有其常规，（阳）刚（阴）柔即可断定。万事以其类相聚，万物以其群相分，（这样）吉凶就产生了。在天形成象，在地生成形，（因而）变化就显现了。

2023 年 9 月 28 日　星期四

癸卯年 辛酉月 庚寅日

八月十五

【原文】

是故刚柔相摩，八卦相荡。鼓之以雷霆，润之以风雨。日月运行，一寒一暑。乾道成男，坤道成女。乾知大始，坤作成物。

【译文】

所以刚柔相互切摩，八卦相互推移。以雷霆鼓动，以风雨滋润。日月运行，寒暑交替。乾道成就男性（事物），坤道成就女性（事物）。乾资主（万物）初始，坤化生成万物。

2023年9月29日 星期五

癸卯年　辛酉月　辛卯日

八月十六

【原文】

乾以易知，坤以简能。易则易知，简则易从。易知则有亲，易从则有功。有亲则可久，有功则可大。可久则贤人之德，可大则贤人之业。易简，而天下之理得矣。天下之理得，而成位乎其中矣。

【译文】

乾以平直资主，坤以简约顺从。易，则是易资主；简，则是易顺从。平直资主则有亲附，简易顺从则有功效。有亲附则可长久，有功效则可广大。可长久才是贤人的德性，可广大才是贤人的事业。（因此）易简而天下之理可得，天下之理可得，而成位于（天地）之中。

癸卯年　辛酉月　壬辰日

八月十七

【原文】圣人设卦观象，系辞焉而明吉凶。刚柔相推而生变化，是故吉凶者，失得之象也。悔吝者，忧虞之象也；变化者，进退之象也；刚柔者，昼夜之象也。六爻之动，三极之道也。

【译文】圣人设置易卦，观察其象而系之文辞，以明示吉凶，（阳）刚（阴）柔相互推移而产生变化。所以（《易》辞）吉凶，为失得之象；悔吝，为忧虞之象；变化，为进退之象；（阳）刚（阴）柔，为昼夜之象。六爻的变动，含有（天地人）三才之道。

2023 年 10 月 1 日　星期日

癸卯年　辛酉月　癸巳日

八月十八

【原文】

是故君子所居而安者，《易》之序也；所乐而玩者，爻之辞也。是故君子居则观其象而玩其辞，动则观其变而玩其占，是以自天佑之，吉无不利。

【译文】

所以闲居而依者，是卦的次序；喜乐而玩习者，是（卦）爻的文辞。因此君子闲居时则观察卦象，而玩味其文辞；行动时则观察卦爻的变化，而玩味其筮占，所以自有上天保佑，吉祥而无不利。

2023 年 10 月 2 日　星期一

癸卯年　辛酉月　甲午日

八月十九

【原文】

彖者，言乎象者也。爻者，言乎变者也。吉凶者，言乎其失得也。悔吝者，言乎其小疵也。无咎者，善补过也。

【译文】

彖辞，是说明卦象的。爻辞，是说明（阴阳爻画）变化的。吉凶，是说明事物得失的。悔吝，是说明有小的过失。无咎，是说明善于补救过失。

2023 年 10 月 3 日　星期二

癸卯年　辛酉月　乙未日

八月二十

【原文】

是故列贵贱者存乎位，齐小大者存乎卦，辩吉凶者存乎辞，忧悔吝者存乎介，震无咎者存乎悔。是故，卦有小大，辞有险易。辞也者，各指其所之。

【译文】

所以贵贱的分别，存在于所处的爻位；齐定其小大，存在于各卦之中；辨别吉凶，存在于卦爻辞中；忧虑悔吝，存在于（吉凶之间）细小的界限；戒慎而无咎，存在于能够悔改。因此卦有（阴阳）小大，辞有凶险平易，《易》辞就各有所指向。

2023年10月4日　星期三

癸卯年　辛酉月　丙申日

八月廿一

【原文】

《易》与天地准，故能弥纶天地之道。仰以观于天文，俯以察于地理，是故知幽明之故。原始反终，故知死生之说。精气为物，游魂为变，是故知鬼神之情状。

【译文】

《易》道与天地等同，所以能包罗天地之道。仰首以观看天文，俯首以察看地理，所以知晓幽明变化的原故。由事物开始返归到事物终结，因而知晓死生的学说。精气聚合而生成物形，游魄（气散）导致（物形）变化，因此可知鬼神的情状。

2023 年 10 月 5 日　星期四

癸卯年　辛酉月　丁酉日

八月廿二

【原文】

与天地相似，故不违。知周乎万物而道济天下，故不过。旁行而不流，乐天知命，故不忧。安土敦乎仁，故能爱。范围天地之化而不过，曲成万物而不遗，通乎昼夜之道而知，故神无方而《易》无体。

【译文】

《易》与天地相似，所以不违背（天地的规律）。知道周围万物而以其道成就天下，所以不会有过失。遍行而不停留，顺应天道，知晓性命之理，因而不会忧愁。安居坤土，敦厚而施仁德，故能够爱民。笼罩天地变化而不超过（十二辰），承盛万物而不遗失（细微），通达昼夜变化之道而及其睿智，故（阴阳）神妙变化无一定处所，而《易》道亦无固定的形体。

2023年10月6日　星期五

癸卯年　辛酉月　戊戌日

八月廿三

【原文】

一阴一阳之谓道。继之者善也，成之者性也。仁者见之谓之仁，知者见之谓之知。百姓日用而不知，故君子之道鲜矣。显诸仁，藏诸用，鼓万物而不与圣人同忧，盛德大业至矣哉！

【译文】

一阴一阳（互变）叫作道，秉受（其道）的为善，顺成（其道）的为性。仁者看见（道）的仁便称道为仁，智者看见（道）的智便称道为智。百姓日用（其道）却不知道，所以君子之道已很少见了。显现道的仁德（于外），潜藏道的功用（于内），鼓动万物（生长）而不去与圣人同忧虑，（造就万物）盛德大业（完备）至极呀！

2023 年 10 月 7 日　星期六

癸卯年　壬戌月　己亥日

八月廿四　寒露

【原文】

富有之谓大业，日新之谓盛德。生生之谓易，成象之谓乾，效法之谓坤，极数知来之谓占，通变之谓事，阴阳不测之谓神。

【译文】

富有叫作大业，日新叫作盛德。（阴阳变化）生生不已叫作易，成（天）象为乾，效（地）形为坤，穷极蓍策之数预知未来叫作占，通达变化的叫作事，阴阳（变化）不可测度叫作神。

2023 年 10 月 8 日　星期日

癸卯年　壬戌月　庚子日

八月廿五

【原文】

夫《易》广矣大矣！以言乎远则不御，以言乎迩则静而正，以言乎天地之间则备矣。

【译文】

这易道宽广啊！盛大啊！要说它远，则无所穷止；要说它近，则宁静而方正；要说天地之间则（万物）具备。

2023 年 10 月 9 日　星期一

癸卯年　壬戌月　辛丑日

八月廿六

【原文】

夫乾，其静也专，其动也直，是以大生焉。夫坤，其静也翕，其动也辟，是以广生焉。广大配天地，变通配四时，阴阳之义配日月，易简之善配至德。

【译文】

这乾，静止时圆圜，运动时则刚直，所以能大生（万物）。这坤，静止时闭合，运动时开辟，所以广生（万物）。（易道）广（生）大（生）与天地相配合，变化通达与四时相配合，阴阳之义可以与日月相配合，易道简约的善性与至大的德性相配合。

2023 年 10 月 10 日　星期二

癸卯年　壬戌月　壬寅日

八月廿七

【原文】

子曰：《易》，其至矣乎！夫《易》，圣人所以崇德而广业也。知崇礼卑，崇效天，卑法地，天地设位，而《易》行乎其中矣。成性存存，道义之门。

【译文】

孔子说：《易》，其道至极！《易》道，圣人用之增崇其德而广大其业。智慧崇高礼仪谦卑，崇高效法天，卑下效法地。天地设定位置，而《易》道运行于其中。成物之性常存，（阴阳）道义之门。

2023 年 10 月 11 日　星期三

癸卯年　壬戌月　癸卯日

八月廿八

【原文】

圣人有以见天下之赜，而拟诸其形容，象其物宜，是故谓之象。圣人有以见天下之动，而观其会通，以行其典礼，系辞焉以断其吉凶，是故谓之爻。

【译文】

圣人因见天下事物繁杂，从而比拟其形状容貌，象征其事物所宜，所以就叫作卦象。圣人因见天下事物的变动，从而观察其会合与交通，以推行其典章礼仪，并附之文辞以断其吉凶，所以就叫作爻。

2023 年 10 月 12 日　星期四

癸卯年　壬戌月　甲辰日

八月廿九

【原文】言天下之至赜，而不可恶也。言天下之至动，而不可乱也。拟之而后言，议之而后动，拟议以成其变化。

【译文】述说天下事物至为繁杂而不会厌恶，指出天下事物变动至极而不会杂乱。比拟后发表言论，仿效后而行动，通过比拟仿效以成就其变化。

2023 年 10 月 13 日　星期五

癸卯年　壬戌月　乙巳日

八月三十

【原文】

鸣鹤在阴，其子和之。我有好爵，吾与尔靡之。子曰：君子居其室，出其言善，则千里之外应之，况其迩者乎？居其室，出其言不善，则千里之外违之，况其迩者乎？

【译文】

鹤鸣在树荫，其子和而应之。我有好酒，我与你共享。孔子说：君子居于室，口出善言，千里之外的人都响应，况且近处呢？君子居于室，口出不善之言，千里之外的人都违抗，况且近处呢？

2023 年 10 月 14 日　星期六

癸卯年　壬戌月　丙午日

九月初一

【原文】

言出乎身，加乎民；行发乎迩，见乎远。言行，君子之枢机。枢机之发，荣辱之主也。言行，君子之所以动天地也，可不慎乎？

【译文】

言语出于身，影响于民。行动发生在近处，而显现于远处。言行，这是君子的门枢和弩机。枢机在发动时，主宰着荣辱（的变化）。言行，君子是可以用它来惊动天地的，怎可不慎重呢？

2023 年 10 月 15 日　星期日

癸卯年　壬戌月　丁未日

九月初二

【原文】

同人先号咷而后笑。子曰：君子之道，或出或处，或默或语。二人同心，其利断金；同心之言，其臭如兰。

【译文】

与人同志，先号哭而后笑。孔子说：君子之道，或出行或居处，或沉默或言语。二人同心，其力量可以断金；同心的言语，气味相投香如兰草。

2023 年 10 月 16 日　星期一

癸卯年　壬戌月　戊申日

九月初三

【原文】

初六，藉用白茅，无咎。子曰：苟错诸地而可矣，藉之用茅，何咎之有？慎之至也。夫茅之为物薄，而用可重也。慎斯术也以往，其无所失矣。

【译文】

初六，用白色茅草铺地（摆设祭品），无灾。孔子说：（祭品）直接放在地上就可以了，再用茅草铺垫（以示其敬），还能有什么灾呢？已经是非常慎重了。茅草作为物虽然很轻薄，但作用重大，能谨慎地用这套礼术行事，就不会有所失了。

癸卯年　壬戌月　己酉日

九月初四

【原文】

劳谦，君子有终，吉。子曰：劳而不伐，有功而不德，厚之至也。语以其功下人者也。德言盛，礼言恭。谦也者，致恭以存其位者也。

【译文】

有功劳而谦虚，君子有好的结局，吉利。孔子说：有功劳而不夸耀，有功绩而不贪得，太厚道了。所说的是有功劳而能礼下于人。德讲究要盛大，礼讲究要恭敬。所谓谦，就是以恭敬而保存其禄位啊！

2023 年 10 月 18 日　星期三

癸卯年　壬戌月　庚戌日

九月初五

【原文】

亢龙有悔。子曰：贵而无位，高而无民，贤人在下位而无辅，是以动而有悔也。

【译文】

龙飞过高处则有悔。孔子说：尊贵而无实际的职位，高高在上而失去民众，贤人在下位而无所辅助，所以一行动就有悔。

2023年10月19日　星期四

癸卯年　壬戌月　辛亥日

九月初六

【原文】

不出户庭，无咎。子曰：乱之所生也，则言语以为阶。君不密则失臣，臣不密则失身，几事不密则害成。是以君子慎密而不出也。

【译文】

不出门户庭院，无咎灾。孔子说：祸乱的产生，是以言语为契机。国君（说话）不机密则失掉大臣，大臣（说话）不机密则有杀身之祸。机微之事不保密则妨害事情的成功，所以君子谨守机密而不敢轻易出言。

2023 年 10 月 20 日　星期五

癸卯年　壬戌月　壬子日

九月初七

【原文】

子曰：作《易》者，其知盗乎？《易》曰：负且乘，致寇至。负也者，小人之事也。乘也者，君子之器也。小人而乘君子之器，盗思夺之矣！上慢下暴，盗思伐之矣。慢藏诲盗，冶容诲淫。《易》曰负且乘，致寇至，盗之招也。

【译文】

孔子说：作《易》的人，大概很了解盗寇吧！《易》说以肩负物而又乘车，以致招来盗寇打劫。以肩负物，这是小人做的事情。车乘，是君子（使用）的器具，小人乘坐君子的器具，所以盗寇想来抢夺他！对上傲慢而对下暴虐，盗寇想来讨伐。懒于收藏财富是教盗寇来抢，打扮妖艳是引诱盗寇来奸淫。《易》说：以肩负物而又乘车，招致了盗寇。（说的是）自己招来了盗寇。

2023年10月21日　星期六

癸卯年　壬戌月　癸丑日

九月初八

【原文】

天一，地二；天三，地四；天五，地六；天七，地八；天九，地十。天数五，地数五，五位相得而各有合。天数二十有五，地数三十，凡天地之数五十有五，此所以成变化而行鬼神也。

【译文】

天数一，地数二；天数三，地数四；天数五，地数六；天数七，地数八；天数九，地数十。天数五位，地数五位，天地之数五位各自相加而有和。天数和为二十五，地数和为三十，天地之数总和为五十五，此所以生成（蓍数）变化，而通行天地鬼神的原因。

2023 年 10 月 22 日　星期日

癸卯年　壬戌月　甲寅日

九月初九

【原文】

大衍之数五十，其用四十有九。分而为二以象两，挂一以象三，揲之以四以象四时，归奇于扐以象闰，五岁再闰，故再扐而后挂。

【译文】

（借用蓍草）演算天地之数是五十，实际用四十九（根）。（将这四十九根蓍草）一分为二，以象两仪。（从右手蓍策中）任取一根（置于左手小指间），以象（天地人）三才。（左右手之策）以四为一组数之象征四时。归置（左右手所余之数）于手指之间以象余日而成闰月。五年中有两次闰月，所以再一次归余策于手指间，而后经三变而成卦（一爻）。

2023 年 10 月 23 日　星期一

癸卯年　壬戌月　乙卯日

九月初十　霜降

【原文】

乾之策二百一十有六，坤之策百四十有四，凡三百有六十，当期之日。二篇之策，万有一千五百二十，当万物之数也。

【译文】

乾卦策数为二百一十六，坤卦策数为一百四十四，（乾、坤策数）共为三百六十，正好与一年三百六十天数相当。（《周易》）上下两篇策数为一万一千五百二十，正好与万物之数相当。

2023年10月24日　星期二

癸卯年　壬戌月　丙辰日

九月十一

【原文】

是故四营而成《易》，十有八变而成卦。八卦而小成，引而伸之，触类而长之，天下之能事毕矣。显道神德行，是故可与酬酢，可与佑神矣。

【译文】

所以经过四道程序的经营而成《易》卦一爻，十八次变化而成一卦，（九次变化出）八经卦为小成，再引申其义，触动类推而增长，天下所能之事皆无所遗了！显明易道，神化德行，所以如宾主饮酒应对之礼，可以佑助神化之功。

2023 年 10 月 25 日　星期三

癸卯年　壬戌月　丁巳日

九月十二

【原文】

子曰：知变化之道者，其知神之所为乎！《易》有圣人之道四焉：以言者尚其辞，以动者尚其变，以制器者尚其象，以卜筮者尚其占。

【译文】

孔子说：通晓阴阳变化之道的，恐怕一定知道神的功用吧！《周易》包含有圣人之道四条：用以讲说的崇尚卦爻辞；用以指导行动的崇尚卦变；用以制造器物的崇尚卦爻之象；用以卜筮预测的崇尚占问。

2023 年 10 月 26 日　星期四

癸卯年　壬戌月　戊午日

九月十三

【原文】

是以君子将有为也，将有行也，问焉而以言。其受命也如响，无有远近幽深，遂知来物。非天下之至精，其孰能与于此？

【译文】

所以君子将要有所作为，要有所行动，求问于（《易》）后才知道（吉凶）。蓍受人之命（答疑）如应声之响，不管远近幽深，皆知未来的事物（变化）。不是天下万物的至极精微，其何以能至于此？

2023 年 10 月 27 日　星期五

癸卯年　壬戌月　己未日

九月十四

【原文】

参伍以变，错综蓍数。通其变，遂成天下之文；极其数，遂定天下之象。非天下之至变，其孰能与于此？

【译文】

参（材）五（位）的变化，错综蓍数（而成卦）。通达其变化，就可以成就天下万物的文采；极尽其蓍数，就可定天下万物之象。若不是天下万物的至极变化，谁能达到此种地步？

2023 年 10 月 28 日　星期六

癸卯年　壬戌月　庚申日

九月十五

【原文】

《易》无思也，无为也，寂然不动，感而遂通天下之故。非天下之至神，其孰能与于此？

【译文】

《易》无思无为，寂然不动，感悟而能通晓天下之事。若不是天下事物变化至极神妙，谁能至于此种地步？

2023 年 10 月 29 日　星期日

癸卯年　壬戌月　辛酉日

九月十六

【原文】

夫《易》，圣人之所以极深而研几也。唯深也，故能通天下之志；唯几也，故能成天下之务；唯神也，故不疾而速，不行而至。子曰《易》有圣人之道四焉者，此之谓也。

【译文】

《易》这套道理，乃是圣人之所以穷极其深奥，研尽其机微所在。因为深奥，所以能通晓天下的心志；因为几微，所以能确定天下的事物；因为神妙，所以它不急却极其迅速，不必行动而已经到达。孔子说《周易》中含圣人之道四条，就是这个意思。

2023 年 10 月 30 日　星期一

癸卯年 壬戌月 壬戌日

九月十七

【原文】

子曰：夫《易》何为者也？夫《易》开物成务，冒天下之道，如斯而已者也。是故圣人以通天下之志，以定天下之业，以断天下之疑。

【译文】

孔子说：《周易》为何而作？《周易》揭示事物（本质）而成就事业，概括天下事物的规律，如此而已。所以圣人可以通达天下的心志，完成天下大业，决断天下的疑惑。

2023 年 10 月 31 日　星期二

癸卯年　壬戌月　癸亥日

九月十八

【原文】

是故蓍之德圆而神，卦之德方以知，六爻之义易以贡。圣人以此洗心，退藏于密，吉凶与民同患。神以知来，知以藏往，其孰能与于此哉？古之聪明睿知神武而不杀者夫！

【译文】

因此蓍占的所得在于（效法天）圆固能神妙，易卦的所得在于（效法地）方故能隐藏智慧，六爻之义在于以其变化而告（吉凶）。圣人以此自娱其心，退藏于隐密之处，吉凶与庶民共济。其神妙可以预知未来，其智慧可以蕴藏过去，谁能达到如此地步？（只有古代）聪明智慧武功至神而又不假杀伐的人（才能做到）。

2023 年 11 月 1 日　星期三

癸卯年　壬戌月　甲子日

九月十九

【原文】

是以明于天之道，而察于民之故，是兴神物以前民用。圣人以此斋戒，以神明其德夫。

【译文】

所以明了天道而察访民事，因而兴创神物（占筮）而先于民用之。圣人以此斋戒身心，以神化明示他的品德。

2023 年 11 月 2 日　星期四

癸卯年　壬戌月　乙丑日

九月二十

【原文】

是故阖户谓之坤，辟户谓之乾，一阖一辟谓之变，往来不穷谓之通，见乃谓之象，形乃谓之器，制而用之谓之法，利用出入，民咸用之谓之神。

【译文】

所以闭户叫作坤，开户叫作乾，一闭一开叫作变，往来不穷叫作通，显现的为象，取其形的就是器，裁制而用的叫作法，利用（门户）出入，民众都用的就叫作神。

2023年11月3日　星期五

癸卯年　壬戌月　丙寅日

九月廿一

【原文】是故易有太极，是生两仪，两仪生四象，四象生八卦，八卦定吉凶，吉凶生大业。

【译文】所以《周易》中有太极，（由太极）生成两仪，两仪生成四象，四象生成八卦，八卦推断吉凶，吉凶成就大业。

2023 年 11 月 4 日　星期六

癸卯年　壬戌月　丁卯日
九月廿二

【原文】
是故法象莫大乎天地，变通莫大乎四时，县象著明莫大乎日月，崇高莫大乎富贵。备物致用，立功成器，以为天下利，莫大乎圣人。探赜索隐，钩深致远，以定天下之吉凶。成天下之亹亹者，莫大乎蓍龟。

【译文】
所以效法而成象莫过于天地，变化通达莫过于四季，悬垂其象而显著明示莫过于日月，崇实高大莫过于富足尊贵。具备天下之物而致其用，创立与成就器物，以利天下之民，莫过于圣人。探寻事物繁杂，求索事物几微，钩取深奥推致远大，以断定天下吉凶。促成天下几微之事，莫过于蓍龟。

2023 年 11 月 5 日　星期日

癸卯年　壬戌月　戊辰日

九月廿三

【原文】

是故天生神物，圣人则之；天地变化，圣人效之；天垂象，见吉凶，圣人象之；河出图，洛出书，圣人则之。

【译文】

所以天生（蓍龟）神物，圣人效法它；天地变化，圣人效法它；天垂示（日月星）象，显示吉凶，圣人效法它；黄河出图，洛水出书，圣人效法它。

2023 年 11 月 6 日　星期一

癸卯年　壬戌月　己巳日

九月廿四

【原文】

《易》有四象，所以示也；系辞焉，所以告也；定之以吉凶，所以断也。

【译文】

故《周易》有这四象，昭示其义；系以文辞，所以告人；确定吉凶，赖以推断。

2023 年 11 月 7 日　星期二

癸卯年　癸亥月　庚午日

九月廿五　立冬

【原文】

《易》曰：自天佑之，吉无不利。子曰：佑者，助也。天之所助者，顺也；人之所助者，信也；履信思乎顺，又以尚贤也。是以自天佑之，吉无不利也。

【译文】

《周易》说：自天佑之，吉无不利。孔子说：佑，就是佑助。天所佑助的，是顺从；人所佑助的，是诚信；履行诚信而思顺于天，又崇尚圣贤，所以自天佑之，吉无不利。

2023 年 11 月 8 日　星期三

癸卯年　癸亥月　辛未日

九月廿六

【原文】

子曰：书不尽言，言不尽意。然则圣人之意，其不可见乎？子曰：圣人立象以尽意，设卦以尽情伪，系辞焉以尽其言，变而通之以尽利，鼓之舞之以尽神。

【译文】

孔子说：文字不能写尽言语（所能表达的意思），言语不能表达尽心意（所想到的意境）。那么圣人的心意就不可见了吗？孔子说：圣人创立卦象以穷尽所要表达的心意，设置卦爻以穷尽所要表达的真伪，用文辞以穷尽所要表达的言语，变动（阴阳爻）使之通达，以穷尽天下之利，鼓动起舞（而行蓍）以穷尽其神妙。

2023 年 11 月 9 日　星期四

癸卯年　癸亥月　壬申日

九月廿七

【原文】

乾坤，其《易》之缊邪！乾坤成列，而《易》立乎其中矣。乾坤毁，则无以见《易》。《易》不可见，则乾坤或几乎息矣。

【译文】

乾坤，大概是《易》的渊源吧！乾坤（阴阳）分布排列，而《易》就立于其中了。乾坤毁灭，则无以显现《易》。《易》不可现，则乾坤也许几乎止息了。

2023 年 11 月 10 日　星期五

癸卯年　癸亥月　癸酉日

九月廿八

【原文】是故形而上者谓之道，形而下者谓之器，化而裁之谓之变，推而行之谓之通，举而错之天下之民谓之事业。

【译文】所以形体以上（而不可见）的叫道，形体以下（而可见）的叫器，（阴阳）转化而裁成万物的叫变，（阴阳）推移往来运行的叫通，将（《易》的作用）施加于天下民众的叫作事业。

2023 年 11 月 11 日　星期六

癸卯年 癸亥月 甲戌日

九月廿九

【原文】

是故夫象，圣人有以见天下之赜，而拟诸其形容，象其物宜，是故谓之象。圣人有以见天下之动，而观其会通，以行其典礼，系辞焉以断其吉凶，是故谓之爻。

【译文】

所以这卦象，是圣人看见天下事物繁杂，因而比拟其外部形象容貌，象其事物之所宜，这就是卦象。圣人看到天下事物的变动，因而观察其会合变通，以推行其典章礼仪，附上爻辞以推断吉凶，这就是爻。

2023 年 11 月 12 日　星期日

癸卯年　癸亥月　乙亥日

十月初一

【原文】

极天下之赜者存乎卦，鼓天下之动者存乎辞，化而裁之存乎变，推而行之存乎通，神而明之存乎其人。默而成之，不言而信，存乎德行。

【译文】

极尽天下繁杂事物的，依存于卦象；鼓动天下变化的，依存于爻辞；（阴阳）转化裁成万物的，依赖于卦变；（阴阳）推移运行的，依存于变通；（蓍占）神妙而能示（吉凶）的，依存于人。在默然中成就一切，不用言语而致诚信，依存于德行（的感召）。

2023 年 11 月 13 日　星期一

癸卯年　癸亥月　丙子日

十月初二

【原文】

《系辞下》曰：八卦成列，象在其中矣；因而重之，爻在其中矣；刚柔相推，变在其中矣；系辞焉而命之，动在其中矣。

【译文】

《系辞下》曰：八卦布列（成位），卦象就包含在其中了；又将八卦相重，六爻亦包含在其中了；阴阳刚柔爻画相互推移，变动也包含其中了；系上文辞而明示，爻动就包含其中了。

2023 年 11 月 14 日　星期二

癸卯年　癸亥月　丁丑日

十月初三

【原文】

吉凶悔吝者，生乎动者也；刚柔者，立本者也；变通者，趣时者也；吉凶者，贞胜者也；天地之道，贞观者也；日月之道，贞明者也；天下之动，贞夫一者也。

【译文】

吉凶悔吝，产生于爻动；刚柔，是立卦的根本；变通，取义于（卦爻之）时；吉凶，以正而取胜；天地之道，以正而能观瞻；日月之道，以正而得光明；天下之动，以正而归于一。

2023 年 11 月 15 日　星期三

癸卯年　癸亥月　戊寅日

十月初四

【原文】

夫乾，确然示人易矣；夫坤，隤然示人简矣。

【译文】

乾，高大而示人平易；坤，卑下而示人简从。

2023 年 11 月 16 日　星期四

癸卯年　癸亥月　己卯日
十月初五

【原文】
爻也者，效此者也；象也者，像此者也。爻象动乎内，吉凶见乎外，功业见乎变，圣人之情见乎辞。

【译文】
爻，效仿于此；卦象，取像于此。爻象发动于（蓍占）内，吉凶显现于（蓍占）外，建功立业是显现于知变，圣人的情感体现于卦爻之辞。

2023年11月17日　星期五

癸卯年　癸亥月　庚辰日

十月初六

【原文】

天地之大德，曰生；圣人之大宝，曰位。何以守位？曰仁，何以聚人？曰财。理财正辞、禁民为非曰义。

【译文】

天地最大的德性是生育，圣人最大的宝是权位。如何守住权位，是行仁政；如何聚合众人，是用财富。而管理财物、匡正言辞、禁止民众为非作歹的是义。

2023 年 11 月 18 日　星期六

癸卯年　癸亥月　辛巳日

十月初七

【原文】

古者包牺氏之王天下也，仰则观象于天，俯则观法于地，观鸟兽之文，与地之宜，近取诸身，远取诸物，于是始作八卦，以通神明之德，以类万物之情。作结绳而为罔罟，以佃以渔，盖取诸离。

【译文】

古时候包牺氏称王于天下，仰以观察天象，俯身以取法地形，观察鸟兽身上的纹理与大地相适宜，近取象于自身，远取象于万物，于是开始创制八卦，藉以通达神明的德性，以类比万物的情状。（包牺氏）结绳索而制罗网，用来猎兽捕鱼，这大概取象于离卦。

2023年11月19日　星期日

癸卯年　癸亥月　壬午日

十月初八

【原文】

包牺氏没，神农氏作，斫木为耜，揉木为耒，耒耨之利，以教天下，盖取诸益。日中为市，致天下之民，聚天下之货，交易而退，各得其所，盖取诸噬嗑。

【译文】

包牺氏死后，神农氏开始，砍削木头做成了耜，弯曲木头制成了耒，用耒耜耕种的便利，以教天下（百姓），这大概取象于益卦。以中午作为集市的时间，招致天下民众，聚集天下货物，相互交换而归，各自获得所需要的物品，这大概取象于噬嗑卦。

2023年11月20日　星期一

癸卯年　癸亥月　癸未日

十月初九

【原文】

神农氏没，黄帝、尧、舜氏作，通其变，使民不倦；神而化之，使民宜之。易穷则变，变则通，通则久。是以自天佑之，吉无不利。黄帝、尧、舜垂衣裳而天下治，盖取诸乾、坤。

【译文】

神农氏死后，黄帝、尧、舜开始，通达其变革，使百姓不倦怠；神奇而化育，使民众相适应。易道穷尽则变化，变化则（又重新）通达，能通达则才可以长久。所以有来自上天的保佑，吉祥而无所不利。黄帝、尧、舜垂示衣裳（之用）而天下大治，大概取象于乾、坤二卦吧。

2023 年 11 月 21 日　星期二

癸卯年 癸亥月 甲申日

十月初十 小雪

【原文】刳木为舟，剡木为楫，舟楫之利，以济不通，致远以利天下，盖取诸涣。服牛乘马，引重致远，以利天下，盖取诸随。重门击柝，以待暴客，盖取诸豫。断木为杵，掘地为臼，臼杵之利，万民以济，盖取诸小过。弦木为弧，剡木为矢，弧矢之利，以威天下，盖取诸睽。

【译文】凿空木头以成舟船，剡削木材以成桨楫，舟楫的便利在于渡济不通（的江河），直致远方，以便利于天下，大概取象于涣卦。乘驾牛马，负载重物致于远方，以便利于天下，这大概取象于随卦。设置重门打梆巡夜，以防盗寇，大概取象于豫卦。断削木头作为杵，挖掘地面作为臼，臼杵的好处，万民受益，这大概取象于小过卦。弯曲木头加弦而为弓，削木以为箭，弓箭的好处，可以威服天下，这大概取象于睽卦。

2023 年 11 月 22 日　星期三

癸卯年　癸亥月　乙酉日

十月十一

【原文】

上古穴居而野处，后世圣人易之以宫室，上栋下宇，以待风雨，盖取诸大壮。古之葬者，厚衣之以薪，葬之中野，不封不树，丧期无数，后世圣人易之以棺椁，盖取诸大过。上古结绳而治，后世圣人易之以书契，百官以治，万民以察，盖取诸夬。

【译文】

上古时候的人在洞穴中居住而生活于野外，后世的圣人改用宫室，宫室上有栋梁，下有檐宇，以防御风雨，这大概取象于大壮卦。古时丧葬只用薪草厚厚裹覆（死尸），埋葬于荒野之中，不聚土做坟墓，不植树为标记，丧期也没有定数，后世圣人改用棺椁下葬，这大概取象于大过卦。上古用结绳记事以治理天下，后世圣人，改以契刻文字，百官有所治理，万民有所稽察，这大概取象于夬卦。

癸卯年　癸亥月　丙戌日

十月十二

【原文】

是故，《易》者象也。象也者，像也。彖者，材也。爻也者，效天下之动者也。是故吉凶生而悔吝著也。

【译文】

所以《周易》是讲卦象的。而卦象，是象征万物的。彖辞，是裁断（一卦之义）的。爻，是效法天下万物变动的，因此吉凶产生而悔吝显出。

2023 年 11 月 24 日　星期五

癸卯年 癸亥月 丁亥日

十月十三

【原文】

阳卦多阴，阴卦多阳，其故何也？阳卦奇，阴卦耦。其德行何也？阳一君而二民，君子之道也；阴二君而一民，小人之道也。

【译文】

阳卦多阴爻，阴卦多阳爻，原因何在？阳卦以（一阳）奇为主，阴卦以（一阴）耦为主。它的德行如何？阳卦一个国君，两个臣民（二民事一君），是君子之道；阴卦两个国君，一个臣民（一民兼事二君），这是小人之道。

2023年11月25日 星期六

癸卯年　癸亥月　戊子日

十月十四

【原文】

《易》曰：憧憧往来，朋从尔思。子曰：天下何思何虑？天下同归而殊涂，一致而百虑。天下何思何虑？日往则月来，月往则日来，日月相推而明生焉。寒往则暑来，暑往则寒来，寒暑相推而岁成焉。

【译文】

《周易》说：往来心意不定，朋友们顺从你的想法。孔子说：天下有什么可以思索，有什么可以忧虑的呢？天下万物本同归（于一）而道路各异，（虽）归致于一，但有百般思虑。（因此）天下有什么可以思索，有什么可以忧虑的？日去则月来，月去则日来，日月来去相互推移而光明产生。寒去则暑来，暑去则寒来，寒暑相互推移而一岁形成。

2023年11月26日　星期日

癸卯年　癸亥月　己丑日

十月十五

【原文】

往者屈也，来者信也，屈信相感而利生焉。尺蠖之屈，以求信也。龙蛇之蛰，以存身也。精义入神，以致用也。利用安身，以崇德也。过此以往，未之或知也。穷神知化，德之盛也。

【译文】

往，意味着屈缩；来，意味着伸展。屈伸互相感应而功利生成。尺蠖屈缩，以求得伸展。龙蛇蛰伏，以保存其身。精义能入于神，方可致力于运用。宜于运用以安居其身，方可以增崇其德。超过这些以求往，则有所不知，能穷尽神道，知晓变化，这才是德性隆盛（的表现）。

2023 年 11 月 27 日　星期一

癸卯年　癸亥月　庚寅日

十月十六

【原文】

《易》曰：困于石，据于蒺藜，入于其宫，不见其妻，凶。子曰：非所困而困焉，名必辱；非所据而据焉，身必危。既辱且危，死期将至，妻其可得见耶？

【译文】

《周易》说：为石头所困，又有蒺藜占据，入于宫室而看不到妻子，凶。孔子说：不该遭受困危的事却受到了困危，其名必受羞辱；不该占据的而去占据，其身必有危险。既羞辱又有危险，死期将到，妻子还能见到吗？

2023年11月28日　星期二

癸卯年　癸亥月　辛卯日

十月十七

【原文】

《易》曰：公用射隼于高墉之上，获之无不利。子曰：隼者，禽也；弓矢者，器也；射之者，人也。君子藏器于身，待时而动，何不利之有？动而不括，是以出而有获，语成器而动者也。

【译文】

《周易》说：公在高墙上射中了隼鸟，获得它没有什么不利。孔子说：隼，是禽鸟；弓矢，是射鸟的器具；射隼的是人。君子把器具藏在身上，等待时机而行动，哪有什么不利的？行动沉着而不急，所以出手而有所收获，是说具备了现成的器具然后行动。

2023 年 11 月 29 日　星期三

癸卯年　癸亥月　壬辰日

十月十八

【原文】

子曰：小人不耻不仁，不畏不义，不见利不劝，不威不惩。小惩而大诫，此小人之福也。《易》曰屦校灭趾，无咎，此之谓也。

【译文】

孔子说：小人不知道羞耻不明了仁义，不使他畏惧不会有义举，不见到功利不能劝勉（他）做好事，不用刑威不能惩罚（制服）。小的惩罚使他受到大的戒惧（以致不犯大罪），这就是小人的福气。所以《周易》说：脚上刑具掩盖了脚趾，无咎。就是这个道理。

2023 年 11 月 30 日　星期四

癸卯年　癸亥月　癸巳日

十月十九

【原文】

善不积，不足以成名；恶不积，不足以灭身。小人以小善为无益而弗为也，以小恶为无伤而弗去也。故恶积而不可掩，罪大而不可解。《易》曰：何校灭耳，凶。

【译文】

善事不积累，不足以成名；恶事不积累，不足以毁灭自身。小人将小的善事视为无益而不去做，把小的恶事视为无伤害而不舍弃。所以恶行积累到无法掩盖，罪大恶极因而不可解脱。所以《周易》说：荷载刑具，掩灭了耳朵，凶。

2023年12月1日　星期五

癸卯年　癸亥月　甲午日

十月二十

【原文】

子曰：危者，安其位者也；亡者，保其存者也；乱者，有其治者也。是故君子安而不忘危，存而不忘亡，治而不忘乱，是以身安而国家可保也。《易》曰：其亡其亡，系于苞桑。

【译文】

孔子说：（倾覆的）危险，是（由于只想）安居其位所致；灭亡，是（由于只想）保全生存所致；祸乱，是由治世引发。所以君子居安而不忘危险，生存不忘灭亡，太平治世而不忘祸乱。只有这样，身体才得以平安，国家才能安全、长存。《周易》说：将要灭亡！将要灭亡！系于植桑而巩固。

2023 年 12 月 2 日　星期六

癸卯年　癸亥月　乙未日

十月廿一

【原文】

子曰：德薄而位尊，知小而谋大，力少而任重，鲜不及矣。《易》曰鼎折足，覆公𫗧，其形渥，凶。言不胜其任也。

【译文】

孔子说：德行浅薄而位处尊贵，才智低下而图谋大事，力量微小而肩负重任，很少有不受惩罚的。《周易》说：鼎足折断，把王公的八珍之粥倒出，沾濡了四周，凶。这是说不能胜其任。

癸卯年　癸亥月　丙申日

十月廿二

【原文】

子曰：知几其神乎？君子上交不谄，下交不渎，其知几乎？几者，动之微，吉之先见者也。君子见几而作，不俟终日。《易》曰：介于石，不终日，贞吉。介如石焉，宁用终日，断可识矣。君子知微知彰，知柔知刚，万夫之望。

【译文】

孔子说：能知晓（事理的）几微，大概是神吧？君子与上相交不谄媚，与下相交不渎慢，这算是知晓几微了。几，是事物变动几微，吉的先现。君子见几而行动，不待终日。《周易》说：坚如磐石，不待终日，占问得吉。（已经）坚贞如同磐石，（还）宁可用它终日，其决断可以明识了！君子知几微知彰著，知柔顺知刚健，（因而）万众仰慕。

2023 年 12 月 4 日　星期一

癸卯年　癸亥月　丁酉日

十月廿三

【原文】

子曰：颜氏之子，其殆庶几乎？有不善未尝不知，知之未尝复行也。《易》曰：不远复，无祇悔，元吉。

【译文】

孔子说：颜回这个人，大概快知晓了吧！有不善的事未尝不知道，知道后未曾再犯。《周易》说：（离开）不远就返回，无大悔，始而吉。

2023 年 12 月 5 日　星期二

癸卯年 癸亥月 戊戌日

十月廿四

【原文】

天地细缊，万物化醇，男女构精，万物化生。《易》曰三人行，则损一人；一人行，则得其友，言致一也。

【译文】

天地（二气）附着交感，万物化育凝固，男女构精交合，万物化育衍生。《周易》说：三人同行，则损去一人；一人独行，则得到友人。说的是（合二而）归致于一。

2023 年 12 月 6 日 星期三

癸卯年　甲子月　己亥日

十月廿五　大雪

【原文】

子曰：君子安其身而后动，易其心而后语，定其交而后求。君子修此三者，故全也。危以动，则民不与也。惧以语，则民不应也。无交而求，则民不与也。莫之与，则伤之者至矣。《易》曰：莫益之，或击之，立心勿恒，凶。

【译文】

孔子说：君子先安定下自身后才可以行动，平易其心之后才可以说话，（与人）确定交情后才有所求。君子能修养到这三种德行，才能全面。（身）处危难而行动，则民众不助。面对恐惧才说话，则民众不响应。没有交情而有所求，则民众不会帮助。不帮助，则伤害的事就来了。《周易》说：得不到增益，或许会受到攻击，立心而不恒，有凶。

2023年12月7日　星期四

癸卯年　甲子月　庚子日

十月廿六

【原文】

子曰：乾坤，其易之门邪？乾，阳物也；坤，阴物也。阴阳合德，而刚柔有体，以体天地之撰，以通神明之德。其称名也，杂而不越。于稽其类，其衰世之意邪！

【译文】

孔子说：乾坤，是《周易》的门户吧？乾，为阳物；坤，为阴物。阴阳交合其德，刚柔（爻画）就有了形体，以体现天地所为，以通达神明的德性。其（卦）取名，似杂乱不一，但不越份。推考卦名种类，大概是衰世时人的意识吧！

2023 年 12 月 8 日　星期五

癸卯年　甲子月　辛丑日

十月廿七

【原文】

夫《易》，彰往而察来，而微显阐幽，开而当名，辨物正言，断辞则备矣。其称名也小，其取类也大，其旨远，其辞文，其言曲而中，其事肆而隐。因贰以济民行，以明失得之报。

【译文】

《周易》彰明往事而察知来事，而使微者显著阐明幽隐，开启卦之义，使名实相符，以辨别物象，正定（卦爻）言辞，赋上吉凶占断之辞而使之完备。（卦）取小名，它所象征的事类广大，所寓含的旨意深远。所系的卦爻之辞有文采，它的语言隐晦而又合乎中理，它所论述事情既明显而又深藏内涵，总是从两个方面去济助民众行为，以明确失得报应。

2023 年 12 月 9 日　星期六

癸卯年 甲子月 壬寅日

十月廿八

【原文】

《易》之兴也，其于中古乎！作《易》者，其有忧患乎！是故履，德之基也；谦，德之柄也；复，德之本也；恒，德之固也；损，德之修也；益，德之裕也；困，德之辨也；井，德之地也；巽，德之制也。

【译文】

《周易》的成书，大概是中古时代吧！作《周易》的人，大概充满着忧患意识吧！所以礼，是德性的基础；谦，是把握德性的柄；复，是德性的根本；恒，是德性的修固；损，是对德性的修养；益，是德性的宽裕；困，是德性的辨别；井，是育德之地；巽，是对德的裁断。

2023 年 12 月 10 日　星期日

癸卯年　甲子月　癸卯日

十月廿九

【原文】

履，和而至；谦，尊而光；复，小而辨于物；恒，杂而不厌；损，先难而后易；益，长裕而不设；困，穷而通；井，居其所而迁；巽，称而隐。

【译文】

礼，和悦而践行；谦，尊让而光大；复，微小而能识辨于物；恒，（遇事）杂乱恒守而不厌倦；损，是（减损私欲）起初难而以后易；益，增长宽裕而不摆设（夸耀）；困，穷困而能通达；井，居其所而迁养（民众）；巽，称量事物隐藏而不露。

2023 年 12 月 11 日　星期一

癸卯年　甲子月　甲辰日

十月三十

【原文】

履以和行，谦以制礼，复以自知，恒以一德，损以远害，益以兴利，困以寡怨，井以辨义，巽以行权。

【译文】

礼以和而行事，谦以制订礼仪，复可以自知，恒因恒守一德，损以远离灾害，益以兴隆其利，困可以减少怨尤，井（养民）可以辨其义，巽可以申命行权。

2023 年 12 月 12 日　星期二

癸卯年　甲子月　乙巳日

冬月初一

【原文】

《易》之为书也不可远，为道也屡迁。变动不居，周流六虚，上下无常，刚柔相易，不可为典要，唯变所适。其出入以度，外内使知惧，又明于忧患与故，无有师保，如临父母。初率其辞而揆其方，既有典常，苟非其人，道不虚行。

【译文】

《周易》这部书不可疏远，它所体现的道，经常变迁。变动而不固定，周流于（卦的）六位，或上或下无常规，阳刚阴柔互相变易，不可当成不变法则，唯有随爻之变而有所（生成）之卦。其（阴阳）屈伸往来皆有法度，在外在内而使知畏惧。又明示忧患的缘故，虽没有师保教导，但如同在父母身边。起初若依循卦爻之辞而揆度其道义，（则《易》）也有典常可寻，若不是圣人（阐明此道），易道不会凭空行于世。

2023 年 12 月 13 日　星期三

癸卯年　甲子月　丙午日

冬月初二

【原文】《易》之为书也，原始要终，以为质也。六爻相杂，唯其时物也。其初难知，其上易知，本末也。初辞拟之，卒成之终。若夫杂物撰德，辩是与非，则非其中爻不备。噫！亦要存亡吉凶，则居可知矣。知者观其彖辞，则思过半矣。

【译文】《周易》这本书，推原求末，以为体。六爻（阴阳）错杂，代表不同时间的事物。其初爻（象征事物之始）难以知晓，其上爻（象征事物的终结，事情已经明显）容易知晓，（因为初爻、上爻）是卦的本末。初爻之辞拟成（事物开端），（上爻之辞象征）事物最后形成。如果杂糅代表不同事物的爻，撰述（阴阳刚柔的）德性，辨别其是与非，则非中间四爻不算完备。噫！也要求存亡吉凶，则居（观其象）可以知道。智者观玩彖辞，则理解可以超过一半。

2023 年 12 月 14 日　星期四

癸卯年　甲子月　丁未日

冬月初三

【原文】

二与四同功而异位，其善不同，二多誉，四多惧，近也。柔之为道，不利远者，其要无咎，其用柔中也。三与五，同功而异位，三多凶，五多功，贵贱之等也。其柔危，其刚胜邪？

【译文】

二爻与四爻有相同的功用，但爻位不同，（所以）它们的善吉不同，二多荣誉，四多畏惧，因接近（五之君位）。阴柔之道，本不利于远离（九五），（二远五）其大要归于无咎，是以柔居中的缘故。三爻与五爻有相同的功用，但爻位不同，三爻多凶险，五爻多功绩，这是位之贵贱等级造成的。（三五阳位）若阴柔之处则危险，而以阳刚则能取胜吗？

2023年12月15日　星期五

癸卯年　甲子月　戊申日

冬月初四

【原文】

《易》之为书也，广大悉备，有天道焉，有人道焉，有地道焉。兼三才而两之，故六。六者非它也，三才之道也。道有变动，故曰爻。爻有等，故曰物。物相杂，故曰文。文不当，故吉凶生焉。

【译文】

《周易》这部书，广大而完备，有天道，有人道，有地道。兼备天地人三才而两两相重，所以成为（一卦）六画。六画不是别的，是三才之道。道有变动，所以称为爻。爻有不同等级，故称为物。物（阴阳）相杂，故称为文采。阴阳两爻不当位，所以吉凶产生。

癸卯年　甲子月　己酉日

冬月初五

【原文】

《易》之兴也，其当殷之末世、周之盛德邪？当文王与纣之事邪？是故其辞危。危者使平，易者使倾。其道甚大，百物不废。惧以终始，其要无咎，此之谓易之道也。

【译文】

《周易》成书，大概当在商代末期、周代德业隆盛之时吧？反映的当是文王与纣王的事情吧？所以《周易》含有危惧之辞。（其辞）由危惧变得平易，由平易变得倾覆。《周易》卦爻辞中所蕴含的道理十分博大，百物皆具备其中而无所遗弃。（卦爻辞中）这种危惧一致贯穿《周易》的始终，其大要归于无咎，这就是《周易》的道理。

2023 年 12 月 17 日　星期日

癸卯年　甲子月　庚戌日

冬月初六

【原文】

夫乾，天下之至健也，德行恒易以知险。夫坤，天下之至顺也，德行恒简以知阻。能说诸心，能研诸侯之虑，定天下之吉凶，成天下之亹亹者。是故变化云为，吉事有祥。象事知器，占事知来。

【译文】

乾，天下它最刚健，其德性永远平易，而主艰险。坤，天下它最柔顺，其德性是永远简约，而主阻难。（易简之理）能娱悦人心，研究其忧虑，判定天下的吉凶，促成天下几微之事。所以知变化而有所作为，吉庆的事有福祥之兆。观卦象可以知道器物制作，筮占可以预知未来。

2023年12月18日　星期一

癸卯年　甲子月　辛亥日

冬月初七

【原文】

天地设位，圣人成能。人谋鬼谋，百姓与能。八卦以象告，爻彖以情言，刚柔杂居，而吉凶可见矣。变动以利言，吉凶以情迁。是故爱恶相攻而吉凶生，远近相取而悔吝生，情伪相感而利害生。

【译文】

天地设立自己的位置，圣人（效此）而成就天地的功能。人的智谋与（卜筮所现）鬼神的智谋，百姓也能参与谋事。八卦以卦象告知，卦爻辞以实情说明；刚柔（爻画）互相杂居，而吉凶可以显现。爻的变动是以利表达，吉凶随爻的实情而变迁，所以爱与恶相互攻击，而吉凶生成。（爻的）远（应）与近（比）相互取舍，而悔吝产生。真情与虚伪相互感应，于是利与害产生。

癸卯年　甲子月　壬子日

冬月初八

【原文】

凡《易》之情，近而不相得则凶，或害之，悔且吝。将叛者，其辞惭。中心疑者，其辞枝。吉人之辞寡，躁人之辞多，诬善之人其辞游，失其守者其辞屈。

【译文】

凡《周易》所论的情感，（两爻）相近比而不相得则必有凶。或者有伤害，悔恨且有吝难。将要背叛的人，他的言辞惭愧躲闪。心中有疑惑的人，他的言辞枝分不一。吉人的言辞很少。浮躁人的言辞很多。诬陷好人的言辞浮游不定，丧失操守人的言辞卑屈。

2023 年 12 月 20 日　星期三

癸卯年　甲子月　癸丑日

冬月初九

【原文】

《说卦传》曰：昔者圣人之作《易》也，幽赞于神明而生蓍，参天两地而倚数，观变于阴阳而立卦，发挥于刚柔而生爻，和顺于道德而理于义，穷理尽性以至于命。

【译文】

《说卦传》曰：昔者圣人作《周易》时，深深祈求神明而创制蓍法，是以天数三与地数两为依据而确立阴阳刚柔之数，观察阴阳的变化而确立卦画，变动刚柔之画而产生了爻，和顺于（自然）道德而调理事物得其宜，穷研物理而尽德性，以至于通晓天命。

2023 年 12 月 21 日　星期四

癸卯年　甲子月　甲寅日

冬月初十　冬至

【原文】

昔者圣人之作《易》也，将以顺性命之理。是以立天之道曰阴与阳，立地之道曰柔与刚，立人之道曰仁与义。兼三才而两之，故《易》六画而成卦。分阴分阳，迭用柔刚，故《易》六位而成章。

【译文】

昔者圣人作《周易》时，将以顺从性命之理，所以确立了天道为阴与阳，确立了地道为柔与刚，确立了人道为仁与义。兼备（天地人）三才之画而使之相重，因此《周易》六画而成一卦。分（二、四、上为）阴位，分（初、三、五为）阳位，（六爻之位）更迭使用刚柔，故《周易》六位（之阴阳刚柔）顺理成章。

2023 年 12 月 22 日　星期五

癸卯年　甲子月　乙卯日

冬月十一

【原文】天地定位，山泽通气，雷风相薄，水火不相射，八卦相错。数往者顺，知来者逆，是故《易》逆数也。

【译文】天地确定上下位置，山泽气息相通，雷风相迫而动，水火不相厌恶，八卦相互错杂（成六十四卦）。以数推算过去时顺，预知未来时逆，所以《周易》是逆数（推算来事）。

2023 年 12 月 23 日　星期六

癸卯年 甲子月 丙辰日

冬月十二

【原文】雷以动之，风以散之，雨以润之，日以烜之，艮以止之，兑以说之，乾以君之，坤以藏之。

【译文】雷鼓动（万物），风散布（万物），雨滋润（万物），日干燥（万物），艮终止（万物），兑喜悦（万物），乾统领（万物），坤藏养（万物）。

2023年12月24日 星期日

癸卯年　甲子月　丁巳日

冬月十三

【原文】

帝出乎震，齐乎巽，相见乎离，致役乎坤，说言乎兑，战乎乾，劳乎坎，成言乎艮。

【译文】

万物生于（东方）震位，（万物生长）整齐于巽位，显现于离位，役养于坤位，欣悦于兑位，相接于乾位，劳倦息于坎位，成就于艮位。

2023 年 12 月 25 日　星期一

癸卯年　甲子月　戊午日

冬月十四

【原文】

万物出乎震，震，东方也。齐乎巽，巽，东南也。齐也者，言万物之絜齐也。离也者，明也，万物皆相见，南方之卦也。圣人南面而听天下，向明而治，盖取诸此也。坤也者，地也，万物皆致养焉，故曰致役乎坤。

【译文】

万物生于震，震为东方。整齐于巽，巽为东南方。齐，是说万物整齐。离，光明，万物皆相显现，南方之卦。圣人面南而坐听政于天下，朝光明方向处理政务，大概就取于此义吧！坤为地，万物都致于地的养育下，所以说致养于坤。

2023年12月26日　星期二

癸卯年　甲子月　己未日

冬月十五

【原文】

兑，正秋也，万物之所说也，故曰悦言乎兑。战乎乾，乾，西北之卦也，言阴阳相薄也。坎者，水也，正北方之卦也，劳卦也，万物之所归也，故曰劳乎坎。艮，东北之卦也，万物之所成终而所成始也，故曰成言乎艮。

【译文】

兑，正秋季节，万物皆喜悦（于收获），所以说悦言于兑。相交接于乾，乾，西北之卦，说的是阴阳相迫。坎为水，正北方之卦，（也是）劳倦之卦，万物（劳倦）需归而休息，所以说劳于坎。艮为东北之卦，万物在此完成它的终结而又有新的开始，所以说成言于艮。

2023 年 12 月 27 日　星期三

癸卯年　甲子月　庚申日

冬月十六

【原文】

神也者，妙万物而为言者也。动万物者，莫疾乎雷；桡万物者，莫疾乎风；燥万物者，莫熯乎火；说万物者，莫说乎泽；润万物者，莫润乎水；终万物始万物者，莫盛乎艮。故水火相逮，雷风不相悖，山泽通气，然后能变化，既成万物也。

【译文】

所谓神，是指奇妙生成万物而言。鼓动万物，没有比雷更急速的；吹散万物，没有比风更迅疾的；干燥万物，没有比火更炎热的；喜悦万物，没有比泽更欣悦的；滋润万物，没有比水更湿润的；终结、开始万物，没有比艮更成功的。所以水火相互吸引，雷风不相违背，山泽气息相通，然后才能变化而生成万物。

2023 年 12 月 28 日　星期四

癸卯年　甲子月　辛酉日
冬月十七

【原文】
乾，健也；坤，顺也；震，动也；巽，入也；坎，陷也；离，丽也；艮，止也；兑，说也。

【译文】
乾，（其性）刚健；坤，（其性）柔软；震，（其性）震动；巽，（其性）渗入；坎，（其性）陷险；离，（其性）依附；艮，（其性）静止；兑，（其性）喜悦。

2023 年 12 月 29 日　星期五

癸卯年　甲子月　壬戌日

冬月十八

【原文】

乾为马，坤为牛，震为龙，巽为鸡，坎为豕，离为雉，艮为狗，兑为羊。

【译文】

乾象马，坤象牛，震象龙，巽象鸡，坎象猪，离象雉，艮象狗，兑象羊。

2023 年 12 月 30 日　星期六

癸卯年　甲子月　癸亥日

冬月十九

【原文】

乾为首，坤为腹，震为足，巽为股，坎为耳，离为目，艮为手，兑为口。

【译文】

乾象头，坤象腹，震象足，巽象股，坎象耳，离象目，艮象手，兑象口。

2023 年 12 月 31 日　星期日

癸卯年　甲子月　甲子日

冬月二十

【原文】

乾，天也，故称乎父。坤，地也，故称乎母。震一索而得男，故谓之长男。巽一索而得女，故谓之长女。坎再索而得男，故谓之中男。离再索而得女，故谓之中女。艮三索而得男，故谓之少男。兑三索而得女，故谓之少女。

【译文】

乾，象天，故称他为父。坤，象地，故称她为母。震是（乾坤相交）初次求取（一乾阳而成），故为长男。巽是（乾坤相交）初次求取（一坤阴而成），故为长女。坎是（乾坤相交）再次求得（一乾阳而成），故为中男。离（乾坤相交）再次求取（一坤阴而成），故为中女。艮是（乾坤相交）第三次求取得（一乾阳而成），故为少男。兑是（乾坤相交）第三次求取得（一坤阴而成），故为少女。

2024 年 1 月 1 日　星期一

癸卯年　甲子月　乙丑日

冬月廿一

【原文】

乾为天，为圜，为君，为父，为玉，为金，为寒，为冰，为大赤，为良马，为老马，为瘠马，为驳马，为木果。

【译文】

乾为天，为圆，为君，为父，为玉，为金，为寒冷，为冰冻，为红色旗，为良马，为老马，为瘦马，为花马，为木果。

2024 年 1 月 2 日　星期二

癸卯年　甲子月　丙寅日

冬月廿二

【原文】

坤为地，为母，为布，为釜，为吝啬，为均，为子母牛，为大舆，为文，为众，为柄，其于地也为黑。

【译文】

坤为地，为母，为广布，为锅，为吝啬，为十日，为有身孕之牛，为大车，为文采，为民众，为（生育之）本，对于地为黑色。

2024年1月3日　星期三

癸卯年　甲子月　丁卯日

冬月廿三

【原文】

震为雷，为龙，为玄黄，为旉，为大涂，为长子，为决躁，为苍筤竹，为萑苇。其于马也，为善鸣，为馵足，为作足，为的颡。其于稼也，为反生。其究为健，为蕃鲜。

【译文】

震为雷，为龙，为青黄杂色，为花，为大路，为长子，为决然躁动，为青色竹子，为荻与芦苇。就马而言，为善于嘶鸣，为后左蹄有白毛，为四足皆动，为（马）额头有白斑。就庄稼而言，为戴甲而反生。其极为刚健，为草木蕃育鲜明。

2024 年 1 月 4 日　星期四

癸卯年　甲子月　戊辰日

冬月廿四

【原文】

巽为木，为风，为长女，为绳直，为工，为白，为长，为高，为进退，为不果，为臭。其于人也，为寡发，为广颡，为多白眼，为近利市三倍。其究为躁卦。

【译文】

巽为木，为风，为长女，为绳直（墨线），为工匠，为白色，为长远，为高，为进退，为不果敢决断，为气味。就人而言，为头发稀少，额头宽阔，为眼白多（而瞳仁小），为从市中获得近三倍之利。其极为躁卦。

2024 年 1 月 5 日　星期五

癸卯年　乙丑月　己巳日

冬月廿五　小寒

【原文】

坎为水，为沟渎，为隐伏，为矫鞣，为弓轮。其于人也，为加忧，为心病，为耳痛，为血卦，为赤。其于马也，为美脊，为亟心，为下首，为薄蹄，为曳。其于舆也，为多眚，为通，为月，为盗。其于木也，为坚多心。

【译文】

坎为水，为沟渠，为隐伏，为矫曲而揉直，为矢弓车轮。就人而言，为忧虑加重，为心病，为耳痛，为血卦，为红。就马而言，为脊背美丽，为敏捷，为低头，为蹄子薄，为拖曳。就车而言，为多灾难，为通达，为月，为盗寇。就木而言，为坚硬而多木心。

2024 年 1 月 6 日　星期六

癸卯年　乙丑月　庚午日

冬月廿六

【原文】

离为火，为日，为电，为中女，为甲胄，为戈兵。其于人也，为大腹；为乾卦；为鳖，为蟹，为蠃，为蚌，为龟。其于木也，为科上槁。

【译文】

离为火，为日，为电，为中女，为甲盔，为兵器。就人而言，为大腹；为干燥之卦；为鳖，为蟹，为蚌，为龟。就木而言，为木中已空而枯槁。

2024 年 1 月 7 日　星期日

癸卯年　乙丑月　辛未日

冬月廿七

【原文】

艮为山，为径路，为小石，为门阙，为果蓏，为阍寺，为指，为狗，为鼠，为黔喙之属。其于木也，为坚多节。

【译文】

艮为山，为山间小路，为小石，为门台，为瓜果，为阍人寺人（守宫），为手指，为狗，为鼠，为黑色食肉兽。就木而言，为坚硬而多枝节。

2024 年 1 月 8 日　星期一

癸卯年　乙丑月　壬申日

冬月廿八

【原文】兑为泽，为少女，为巫，为口舌，为毁折，为附决。其于地也，为刚卤，为妾，为羊。

【译文】兑为泽，为少女，为巫师，为口舌，为折毁，为附着决断。就地而言，为坚硬而含咸，为小妾，为羊。

2024年1月9日　星期二

癸卯年　乙丑月　癸酉日

冬月廿九

【原文】

《序卦传》曰：有天地，然后万物生焉。盈天地之间者，唯万物，故受之以屯。屯者，盈也。屯者，物之始生也。物生必蒙，故受之以蒙。蒙者，蒙也，物之稚也。

【译文】

《序卦传》曰：有了天地，然后万物产生了。充满天地之间的只有万物，故（乾坤后）继之以屯。屯，盈满。屯，万物开始生长。万物生长必然蒙昧幼小，所以继之以蒙。蒙，蒙昧，（是指）万物幼稚。

2024 年 1 月 10 日　星期三

癸卯年 乙丑月 甲戌日

腊月初一

【原文】

物稚不可不养也，故受之以需。需者，饮食之道也。饮食必有讼，故受之以讼。讼必有众起，故受之以师。师者，众也。众必有所比，故受之以比。比者，比也。

【译文】

万物幼稚不可不养育，所以继之以需。需，饮食之道。饮食必会发生争讼，所以继之以讼。争讼必会将众人激起，所以继之以师。师，聚众。人众必有所亲附，所以继之以比。比，亲附。

2024 年 1 月 11 日　星期四

癸卯年　乙丑月　乙亥日

腊月初二

【原文】

比必有所畜也，故受之以小畜。物畜然后有礼，故受之以履。履者，礼也。履而泰，然后安，故受之以泰。泰者，通也。物不可以终通，故受之以否。

【译文】

亲比必会有蓄养，所以继之以小畜。物既积蓄（众人温饱）然后礼仪产生，所以继之以履。履礼而泰和，然后（民）安，所以继之以泰。泰，亨通。万物不会永远亨通，所以继之以否。

2024 年 1 月 12 日　星期五

癸卯年　乙丑月　丙子日

腊月初三

【原文】

物不可以终否，故受之以同人。与人同者，物必归焉，故受之以大有。有大者，不可以盈，故受之以谦。有大而能谦必豫，故受之以豫。

【译文】

万物不会永远闭塞，所以继之以同人。与人同志向，万物归顺，所以继之以大有。拥有大（富）而不可满盈，所以继之以谦。有大（富）而能谦让必定安乐，所以继之以豫。

癸卯年　乙丑月　丁丑日

腊月初四

【原文】

豫必有随，故受之以随。以喜随人者必有事，故受之以蛊。蛊者，事也。有事而后可大，故受之以临。临者，大也。物大然后可观，故受之以观。

【译文】

安乐必定要有人随从，所以继之以随。以喜乐随从他人者，必定发生事端，所以继之以蛊。蛊，事端。事端（经治）后（功业）可以盛大，所以继之以临。临，盛大。物盛大然后才能仰视，所以继之以观。

2024年1月14日　星期日

癸卯年　乙丑月　戊寅日

腊月初五

【原文】

可观而后有所合，故受之以噬嗑。嗑者，合也。物不可以苟合而已，故受之以贲。贲者，饰也。致饰然后亨则尽矣，故受之以剥。剥者，剥也。物不可以终尽剥，穷上反下，故受之以复。

【译文】

可仰观必有所合，所以继之以噬嗑。嗑，相合。万物不可以只合而已，所以继之以贲。贲，文饰。致力于文饰然后亨通则会穷尽，所以继之以剥。剥，剥落。万物不会永远极尽剥落，上穷尽必复返于下，所以继之以复。

2024 年 1 月 15 日　星期一

癸卯年　乙丑月　己卯日

腊月初六

【原文】

复则不妄矣，故受之以无妄。有无妄，然后可畜，故受之以大畜。物畜然后可养，故受之以颐。颐者，养也。不养则不可动，故受之以大过。

【译文】

复返则不会妄行，所以继之以无妄。不妄行然后会有积蓄，所以继之以大畜。万物有了积蓄然后可以养育，所以继之以颐。颐，养育。不养育则不可有所作为，所以继之以大过。

2024年1月16日　星期二

癸卯年　乙丑月　庚辰日

腊月初七

【原文】物不可以终过，故受之以坎。坎者，陷也。陷必有所丽，故受之以离。离者，丽也。

【译文】万物不会永久过极，所以继之以坎。坎，陷险。陷险必定要有所依附，所以继之以离。离，依附。

2024 年 1 月 17 日　星期三

癸卯年　乙丑月　辛巳日

腊月初八

【原文】有天地然后有万物，有万物然后有男女，有男女然后有夫妇，有夫妇然后有父子，有父子然后有君臣，有君臣然后有上下，有上下然后礼义有所错。夫妇之道不可以不久也，故受之以恒。恒者，久也。

【译文】有天地然后才会有万物，有万物然后人分成男女，有男女然后才能匹配夫妇，有夫妇然后才产生父子关系。有父子关系然后才有君臣（之别），有君臣（之别）然后才有上下（等级名分），有上下（等级名分）然后礼仪才有所设置。夫妇之间的感情不可以不长久，故（咸之后）继之以恒。恒，长久。

2024 年 1 月 18 日　星期四

癸卯年　乙丑月　壬午日

腊月初九

【原文】物不可以久居其所，故受之以遁。遁者，退也。物不可以终遁，故受之以大壮。物不可以终壮，故受之以晋。晋者，进也。进必有所伤，故受之以明夷。夷者，伤也。

【译文】万物不可以长久居于一个地方，所以继之以遁。遁，隐退。万物不可以长久隐退，所以继之以大壮。万物不可以长久盛壮，所以继之以晋。晋，上进。上进必遭伤害，所以继之以明夷。夷，伤。

2024年1月19日　星期五

癸卯年　乙丑月　癸未日

腊月初十　大寒

【原文】

伤于外者必反于家，故受之以家人。家道穷必乖，故受之以睽。睽者，乖也。乖必有难，故受之以蹇。蹇者，难也。物不可以终难，故受之以解。解者，缓也。

【译文】

在外遭受伤害必返回家内，所以继之以家人。家道穷困必定会发生乖异，所以继之以睽。睽，乖异。乖异必定带来险难，所以继之以蹇。蹇，险难。万物不可以始终有险难，所以继之以解。解，缓解。

2024 年 1 月 20 日　星期六

癸卯年　乙丑月　甲申日

腊月十一

【原文】

缓必有所失，故受之以损。损而不已，必益，故受之以益。益而不已，必决，故受之以夬。夬者，决也。决必有遇，故受之以姤。姤者，遇也。

【译文】

缓解必定会有所损失，所以继之以损。不停损失必将转向增益，所以继之以益。不断增益充盈必会决去，所以继之以夬。夬，决去。决去必定有所交遇，所以继之以姤。姤，交遇。

2024年1月21日　星期日

癸卯年　乙丑月　乙酉日

腊月十二

【原文】

物相遇而后聚，故受之以萃。萃者，聚也。聚而上者谓之升，故受之以升。升而不已，必困，故受之以困。困乎上者必反下，故受之以井。

【译文】

万物相遇之后而相聚会，所以继之以萃。萃，聚会。聚会之后共同上进叫作升，所以继之以升。进升不停必定陷入困境，所以继之以困。穷困于上必定会返于下，所以继之以井。

2024年1月22日　星期一

癸卯年　乙丑月　丙戌日

腊月十三

【原文】

井道不可不革，故受之以革。革物者莫若鼎，故受之以鼎。主器者莫若长子，故受之以震。震者，动也。物不可以终动，止之，故受之以艮。艮者，止也。

【译文】

井水之道不可不变革，所以继之以革。变革诸物（化凉为热、化生为熟）莫过于鼎器，所以继之以鼎。主管鼎器（的人）莫过于长子，所以继之以震。震，动。事物不可能永久动，要使它停止，所以继之以艮。艮，止。

2024 年 1 月 23 日　星期二

癸卯年　乙丑月　丁亥日

腊月十四

【原文】

物不可以终止，故受之以渐。渐者，进也。进必有所归，故受之以归妹。得其所归者必大，故受之以丰。丰者，大也。穷大者必失其居，故受之以旅。

【译文】

事物不可永久停止，所以继之以渐。渐，渐进。渐进要有所归宿，所以继之以归妹。能得到归宿的必定盛大（富有），所以继之以丰。丰，盛大。盛大穷极必定会失其居所，所以继之以旅。

2024 年 1 月 24 日　星期三

癸卯年　乙丑月　戊子日

腊月十五

【原文】

旅而无所容，故受之以巽。巽者，入也。入而后说之，故受之以兑。兑者，说也。说而后散之，故受之以涣。涣者，离也。物不可以终离，故受之以节。

【译文】

旅行而无处容身，所以继之以巽。巽，入。入而后（安定）欢悦，所以继之以兑。兑，欢悦。欢悦后（其情）扩散，所以继之以涣。涣，离散。万物不可以长久离散，所以继之以节。

2024 年 1 月 25 日　星期四

癸卯年　乙丑月　己丑日

腊月十六

【原文】

节而信之，故受之以中孚。有其信者必行之，故受之以小过。有过物者必济，故受之以既济。物不可穷也，故受之以未济，终焉。

【译文】

能节制而又有诚信，所以继之以中孚。有诚信必然行动，所以继之以小过。有超越事物能力者必能成功，所以继之以既济。事物永远不穷尽，所以继之以未济。（六十四卦以未济卦）结束。

2024年1月26日　星期五

癸卯年　乙丑月　庚寅日

腊月十七

【原文】

《杂卦传》曰：乾刚坤柔，比乐师忧。临、观之义，或与或求。屯见而不失其居，蒙杂而著。

【译文】

《杂卦传》曰：乾刚健，坤柔顺；比欢乐，师忧愁。临、观两卦的义旨，或是施予，或是索求。屯初生显现而不失其所居，蒙错杂而昭著。

2024 年 1 月 27 日　星期六

癸卯年　乙丑月　辛卯日
腊月十八

【原文】
震，起也。艮，止也。损、益，盛衰之始也。大畜，时也。无妄，灾也。萃聚而升不来也。

【译文】
震，为起。艮，为止。损益是盛旺衰微的开始。大畜，待时。无妄，有灾。萃聚集而升不返回。

2024 年 1 月 28 日　星期日

癸卯年　乙丑月　壬辰日

腊月十九

【原文】

谦轻而豫怠也。噬嗑，食也。贲，无色也。兑见而巽伏也。随，无故也。蛊，则饬也。

【译文】

谦轻己（尊人）而豫安乐闲逸。噬嗑，为食用。贲，为无色。兑，喜悦外现，巽（进入）而隐伏。随，无事（休息）。蛊，（有事）则整治。

2024 年 1 月 29 日　星期一

癸卯年　乙丑月　癸巳日

腊月二十

【原文】

剥，烂也。复，反也。晋，昼也。明夷，诛也。井通而困相遇也。咸，速也。恒，久也。

【译文】

剥，为剥烂。复，为返回。晋，白昼。明夷，（光明）受伤。井水通达而困则阻塞。咸，指感应神速。恒，乃恒守长久。

2024 年 1 月 30 日　星期二

癸卯年　乙丑月　甲午日
腊月廿一

【原文】
涣，离也。节，止也。解，缓也。蹇，难也。睽，外也。家人，内也。否、泰，反其类也。

【译文】
涣，为离散。节，为节止。解，为缓解。蹇，为险难。睽，（乖异）而在外。家人，（和睦）而在内。否与泰，是两个相反的事类。

2024 年 1 月 31 日　星期三

癸卯年　乙丑月　乙未日

腊月廿二

【原文】大壮则止，遁则退也。大有，众也。同人，亲也。革，去故也。鼎，取新也。小过，过也。中孚，信也。

【译文】大壮是壮而停止，遁则因时而隐退。大有，众多。同人，亲辅。革，去除旧故。鼎，取其新义。小过，为过往。中孚，为诚信。

2024年2月1日　星期四

癸卯年　乙丑月　丙申日

腊月廿三

【原文】

丰，多故也。亲寡，旅也。离上而坎下也。小畜，寡也。履，不处也。需，不进也。讼，不亲也。

【译文】

丰，多事。旅，少亲。离火炎上，坎水流下。小畜，积蓄少。履，不停止。需，（待时）而不进。讼，（违背）而不亲。

2024 年 2 月 2 日　星期五

癸卯年　乙丑月　丁酉日

腊月廿四

【原文】

大过，颠也。姤，遇也，柔遇刚也。渐，女归待男行也。颐，养正也。既济，定也。归妹，女之终也。未济，男之穷也。夬，决也，刚决柔也。君子道长，小人道忧也。

【译文】

大过，为颠覆。姤，为交遇，阴柔与阳刚相交遇。渐，女子出嫁等待男人来迎亲。颐，养正。既济，乃成功。归妹，女子最终（的归宿）。未济，指男子穷困。夬，为决去，阳刚决去阴柔。（此象）君子之道盛长，而小人之道困忧。

2024 年 2 月 3 日　星期六